NF文庫
ノンフィクション

新兵器・新戦術出現！

時代を切り開く転換の発想

三野正洋

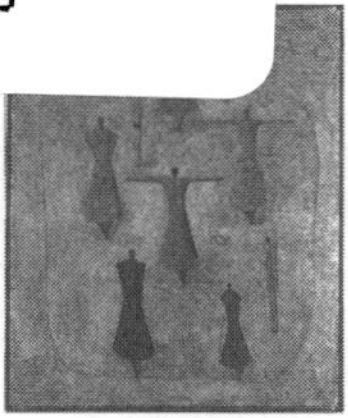

潮書房光人社

まえがき

人間はその誕生から現在まで、情熱を込めてモノ作りに取り組んできた。その中でも善し悪しは別にして、もっとも力を入れて造られてきたのが兵器である。

ともかく、時には祖国の興廃、存亡がこれにかかっているから、必然的に国力と技術のすべてを集約した製品となる。

したがって多少なりとも科学、工学といった分野に興味を持つ人々にとって、これほど研究に値するものは他にない。

また、現代に生きているかぎり、あらゆる国家はこれなしには存在できないのである。

本書では、すべての兵器について取り上げ検討したいと考えたが、あまりに多種多様であることを考慮し、二〇世紀になってから登場したものに限っている。

この意味から〝新兵器〟の数はかなり限定されるのである。

さらにはこれらの兵器にも、人あるいは国家、企業などと同様に栄華衰退がいちじるしい。

約半世紀にわたって海上の王者として君臨した戦艦さえも、そのほとんどは消えていき、残っているものも記念艦、博物館として細々と生き延びているだけなのであった。

このような見方に立つと、たとえ世界を震撼させた巨大兵器も、また我々の人生と同じ束の間の夢でしかない。

そこに著者はわずかながら哀感を持ち、ますます魅せられるのであった。

しかしより現実的な面から、これらの兵器を研究することこそまさに〝新しいアイディアの宝庫〟と言い得るのではないか。

たとえば――。

日本が独自に考え出した戦闘機の機関銃の、新しい装着法〝斜め銃〟がある。

たんに機関銃の取り付け方を、前方から斜め上方に変えただけで――つまり他の条件は同じながら――アメリカ軍の大型爆撃機の大量撃墜につながった。

また、これは新兵器ではなく新戦術の分野だが、オペレーションズ・リサーチ：ORという手法がある。

イギリスの科学者たちが編み出した方法で、統計と数学的解法を組み合わせ、兵器の有効性を高める、なんとも見事なアイディアであった。

そこに必要とされるのは、斜め銃にしろ、ORにしろ、

『独創性、あるいは発想の転換』

なのである。

社会の変化の速度が、急激になればなるほど、我々に求められるのはこのふたつではないだろうか。

兵器、戦術を題材にした本書であるが、著者が主張したいのは、これらの重要性であって、それ以外のなにものでもない。

独創性、発想の転換を忘れ、たんに過去の経験に捉われていては、たぶん、人も企業も社会から取り残されるばかりなのである。

企業の経営が、戦争の遂行と多くの共通点を持つことはよく知られている。

しかし新兵器と新戦術が、製品の開発と新しい社会の流行を作り出すことに似ている事実には、まだ多くの人々が気付いていていない。

本書に関していえば、読者諸兄がこの面からなにかを汲みとり、把《つか》みとる手助けをしたいのである。

我々の生まれ育ったこの日本という国と国民が、少しでも豊かな生活、環境を維持していくためには、他国に先んじる技術や広義の戦術がどうしても必要であると強調しておきたい。

これらのいずれもが、必ずしも多大な費用や労力を費やさなくては開発できないとは限らないのだから……。

先の斜め銃やORは、この状況をなによりも如実に示しているのであった。

新兵器・新戦術出現！——目次

4—潜水艦の狼群戦術

5—航空機の登場

6—戦略爆撃

7—魚雷艇の登場

11——潜水艦を使った侵攻作戦

12——電波探知機／レーダー

13——巡洋戦艦の盛衰

写真提供：著者／月刊雑誌「世界の艦船」
コリアフォトプレス／月刊雑誌「丸」
U.S.Army／U.S.AIR FORCE
U.S.NAVY／U.S.MARINE CORPS
National Archives／Lockheed Martin

新兵器・新戦術出現！

時代を切り開く転換の発想

1――戦車

鋼鉄の怪物の登場

古来から陸上戦闘を戦う兵士たちには、ひとつの夢があった。

飛んでくる矢や銃弾をはねかえし、自由自在に戦場を駆けめぐり、その一方で多くの武器により敵軍を攻撃する兵器を持つことである。

自らを守るための手段こそ充分ではなかったものの、紀元前にすでにこの種の兵器が誕生している。

それは前五〇〇年のペルシャ戦争に出撃した二輪戦車（チャリオット）である。

一頭、あるいは二頭の馬に曳かせた小さな二輪馬車に、二人の兵士が乗り込む。

一人は貴族（将校）、もう一人は従者（兵士）で、攻撃手段としてはチャリオット自身の突進力と彼らの持つ投げ槍であった。

日本のような山の多い地形では使いにくいが、平地、草原であればこの種の二輪戦車は大きな威力を発揮した。

とくに二人の〝乗員〟の息が合ったとき、相手にとっては少なからぬ脅威となったに違いない。

最大時速二〇～三〇キロ、多くの投げ槍を装備し、集団を成して突進してくる。弓矢で馬を倒したとしても、乗員は剣を振りかざして立ち向かうから、それなりの戦力を残しているのである。

しかし弓矢、投げ槍に代わって小銃が登場すると、このチャリオットの役割は急速に衰えていく。一〇〇メートル以上離れた位置から、馬、そして乗員を打ち倒すことができるようになったからである。

それから数百年、兵士たちは馬あるいは徒歩で戦うより方法はなかった。

全く新しい陸戦兵器、戦車が戦場に姿を見せるのは二〇世紀に入ってからである。

J・ワットによる蒸気機関の発明は、半世紀を経ないうちにガソリン機関（正確には内燃機関）へと発展していく。

大馬力、信頼性から言えば、電気を使わない蒸気機関が優れていたが、使い易さという点からは、文句なくガソリン・エンジンに軍配が挙がる。

そしてガソリンで動く自動車が普及しはじめると、それはまたたく間に武器を積み、装甲を備えた装甲自動車の出現を促した。

これと時を同じくして、人類が初めて経験する総力戦、第一次世界大戦（一九一四〜一八年）が勃発するのである。

ヨーロッパを主戦場とするこの大戦争では、

・イギリス、フランス、ロシア
　のちにイタリア、アメリカ、日本
・ドイツ、オーストリア／ハンガリー
　のちにトルコ

が真正面から激突する。

大陣地戦となった第一次世界大戦時の西部戦線——塹壕の中で銃を構えるドイツ兵たち。

そしてその中心となるのはフランス、ドイツの国境で、ここはドイツ、ロシアの東部戦線に対して西部戦線と呼ばれた。

開戦からしばらくの間は、英仏軍、独軍とも機動戦らしきものを展開したが、そのうち次第に動きを止め〝大陣地戦〟へと移行する。

長さ一〇〇キロを超す塹壕が何本も

造られ、それは多くの支線を持ち、総延長は数百キロに達した。

互いに機関銃、狙撃手を配して、相対する塹壕（トレンチ）から姿を見せる敵兵を射殺する。

蛇足ながら、塹壕の中で将校が着ていた外套《がいとう》が、現在のトレンチコートの原型となったことをご存知だろうか。

このような状況では否応なく戦線は膠着《こうちゃく》し、ほとんど動けなくなってしまう。

これが有名なレマルクの反戦小説『西部戦線異状なし』を生んだのである。

イギリスはこの状態をなんとか打破しようと考え、強力な威力を有する新兵器の開発に乗り出した。

敵弾の命中に耐え、砲弾に荒れた地形を突破し、複数の火砲を装備した車両。

これが戦車（タンク）の誕生となる。

タンクの名の由来はまことに単純で、試作のおりイギリス軍がドイツの目を欺《あざむ》くため、大きな水槽（ウォーター・タンク）を造っていると弁明したからである。

また面白いことに、戦車の開発を積極的に進めたのは海軍であった。

イギリス陸軍は――機関銃の配備のおりも同様であったが――新兵器の採用を喜ばず、最初のうち全く関心を示そうとはしなかった。

このような先見性の不足、保守性は海軍、空軍とは違い、どこの国の陸軍にも共通して存在すると言っても過言ではない。

さて、イギリスが秘密裡に試作したタンクは、当時の軍人たちの想像をはるかに超える大きさと外観をもっていた。

ともかく全長一〇メートル、横幅四・二メートル、高さ二・五メートル、重さ二八トン。

この寸法と重量を一体、何にたとえたらよいのだろうか。

そして八人の乗員がこの菱形の鉄の箱の中に入り、人間が歩くのと同じ速さでゆっくりと動かしていく。

この八人のうち、ちょうど半分が操縦にまわり、残りが二門の六ポンド砲と四梃の機関銃を操作する。

鉄板をつないだキャタピラは不気味な軋《きし》み音をたて、一〇〇馬力のエンジンが喘ぎながら三〇トン近い巨体を前方へ押し出す。

このような怪物をなんと一九一〇年代に登場させたのだから、やはり大英帝国の技術力は大いに評価されなくてはならない。

このようにして生まれ出たイギリス陸軍の戦車は、第一号の名のとおりマークⅠ（MkⅠ）と名付けられ、一九一六年一月から走行試験が開始される。

この結果を見て軍需大臣のR・ジョージは、大量生産の決定を下したのである。

最初の発注はわずか四〇台だけであったが、それらが完成しないうちに一〇〇台の追加発注が行なわれている。

そしてまたさらに四五〇台の製造が決まった。同時に乗員、整備員たちの訓練も開始されたが、こちらは多くの障害に直面した。

兵士も技師もこの種の兵器を扱った経験がなく、結局機械に慣れている海軍が支援している。

また、これだけ大きく重い物体を、海を越えてヨーロッパの戦場まで運ぶのもまさに大事業だったのである。

それでも四九台のマークIが、四月までに西部戦線に揃った。

実戦への投入

イギリスのヨーロッパ派遣軍司令官であるW・ヘイグ大将は、この四九台すべてを早急に戦線に投入することを決定した。

ジョージ大臣は、少なくとも一〇〇台が揃うまで待つべきだ、と主張したが、受け入れられなかった。

そして四月一五日の早朝、これらの戦車はソンムの戦場に姿を現わすのである。当日は未明から霧が出ていて、これが鋼鉄の怪物の登場を劇的に演出したと言われている。

戦車の威力を確認するため事前の砲撃は実施されず、戦車群はエンジン音も高らかにドイツ軍の塹壕へ向かって進みはじめた。

さらに歩兵が戦車の後方に付き添い、ゆっくりと前進していく。

ソンムの戦いに初めて登場した新兵器、イギリス軍のマークI〝タンク〟。

前線のドイツ軍兵士たちは、それまで戦車という兵器の存在を知らなかったので、何が起こったのか、何がやってくるのか皆目見当がつかない。

そのうち霧の幕を破って、巨大な菱形の物体が現われ、同時に搭載されている大砲、機関銃が火を吹く。

加えて五〇台近い戦車の発するエンジンの轟音が周囲を圧しはじめた。

恐怖に震えながらドイツ兵は小銃、機関銃で反撃するが、怪物はそれらの銃弾をはね返しながら接近してくる。

一部の兵士は陣地に踏みとどまって戦い続けたが、大部分はパニックをきたして逃げ出した。

ともかく全長一〇メートル、重量二八トンという鉄の塊りが、塹壕の上にあるいはのしかかり、あるいは踏みつぶして進んでくるのである。

これに対して恐怖心を持たない方が不思議と言ってよい。

イギリス軍戦車は、敵の塹壕を突破することに主眼をおいて設計されていたので、幅一・五メートルの空間を乗り切ることが可能だった。

当時のドイツ軍の第一線塹壕の幅は九〇センチとなっていたので、マークIは軽々とこれを越え得るのである。

この史上初の戦車攻撃により、イギリス軍は幅一キロ、奥行き一・五キロの地域を占領している。

しかし、ドイツ軍の反撃は強力でなかったにもかかわらず、戦果はそれだけにとどまった。

この理由は一にも二にも、車両の機械的信頼性の不足で、戦場のあちこちに故障で動けなくなった戦車が続出したからである。

参加四九台のうち、故障を起こさなかったのはわずか一一台にすぎなかった。

戦車の威力の大きいことは、このソンムの戦いで充分に立証された反面、信頼性を向上させなければならないという点も明らかになったのである。

他方、ドイツ軍はイギリス戦車の出現に強い衝撃を受けた。

なかでも前線に配置されていた歩兵部隊からは、これに対抗するための兵器を早急に揃えるように要請された。

小銃、機関銃は役に立たず、戦車を撃破するだけの威力を持つ野砲は、移動する目標を射撃するように造られていない。

このため、再び大量の戦車の攻撃が実施されれば、ドイツの第一線に大穴があく心配も出てきていた。

ドイツ軍歩兵部隊の心配は、その半年後の一一月二〇日に現実のものとなった。カンブレーの戦線において、イギリス軍はなんと四七六台（予備を含む）の戦車を集中的に運用し、大攻撃を開始した。

この攻撃に当たって一〇〇〇門以上の火砲が、三時間にわたって猛砲撃を行なった。さらに多数の航空機が戦車の前進を支援したため、攻撃は順調に進展、その日のうちに幅一〇キロ、奥行き六キロの地域を占領している。

カンブレーの戦闘は結局三日続き、完全にイギリス側の勝利に終わる。これは、一九一七年に同軍が挙げた最大の戦果と伝えられている。

なお戦闘に参加した戦車は三七八台で、このうちの一七九台（四七パーセント）がなんらかの理由で行動不能となった。

しかし、敵の攻撃により破壊されたものは六五台（一七パーセント）にすぎず、戦車という兵器の有効性はもはや確実なものになったのである。

マークI型のテストに立ち会ったイギリス陸軍の総司令官R・キッチナー元帥は、

「面白い機械仕掛けのオモチャだが、実戦ではほとんど役に立たないと思う」

と話していた。しかしカンブレーの戦いの結果を知ったあとでは、自分の誤りを認めざるを得なかった。たしかにこの戦闘から、戦車は陸軍の中核的な兵器へと発展するのである。

このあとイギリス陸軍は、戦車製造に全力を投入し、終戦までになんと二九〇〇台を送り出すのである。フランスはイギリスを見習い、四〇〇〇台を造るが、その大部分は小型の戦車であった。

一方、イギリス軍戦車によってさんざん痛めつけられたドイツは超大型のA７Vなどの車両を製造する。しかしながら数としては一二〇台程度で、とうていイギリス、フランスの敵ではなかった。

また性能的には決して満足できるものとは言えないイギリス戦車が予想以上に活躍し、戦果を挙げることのできた最大の理由は、思い切った集中投入であった。

普通なら出来たばかりの新兵器である戦車を貴重品として扱い、分散して少しずつ出撃させるはずなのだが、イギリスの前線指揮官はそれをしなかった。

持てる〝機甲兵力〟を常に一点に集め、同時に送り出すという決断を下したのである。

それが完全に膠着していた戦線の状況を一変させたのであった。

このように第一次大戦におけるイギリス陸軍の戦車開発とその運用は、高く評価されなくてはならない。

しかし戦争が終わるとともに、この評価は大きく変わっていく。

戦車に関する教訓をもっとも顕著に学び取ったのは、疑いもなく敗れた側のドイツ陸軍であった。

なかでも、集中運用される戦車は、堅固に造られた敵陣に対する攻撃のさいにも充分な威力を発揮する、という事実を次の戦争（第二次世界大戦）で思う存分活用することになる。

かえって、多くの戦車を送り出し、それなりに活躍させたイギリス、フランス軍の方が設計、製造、運用とあらゆる面で研究を怠った。この結果は第二次大戦のオランダ、ベルギー、フランスの戦いの結果を知れば明らかであり、詳しく述べる必要もなかろう。

過去の栄光を追い未来のための勉強、研究を怠る者は、すぐに淘汰されるのはどこの世界でも同じなのである。

ボービントン博物館で動態保存されるイギリスのマークⅠ(上)、第二次大戦で活躍したソ連のT34/85(中)、日本の陸上自衛隊の90式戦車。戦車の形態の進化がよくわかる。

主力戦車(三世代)の性能比較

要目および性能＼車種名	マークⅠ(イギリス)	T34／85(ロシア)	90式(日　本)
戦闘重量 トン	28	32	50
乗員 名	8	5	3
全長 m	9.9	7.4	7.8
全幅 m	4.2	3.0	3.4
全高 m	2.5	2.6	2.6
エンジン 種別	ガソリン	ディーゼル	ディーゼル
エンジン 馬力	105	500	1500
出力重量比 馬力／トン	3.8	15.6	30
最高速度 km／h	6	55	73
航続距離 km	20	360	340
主砲口径 mm	57 (2門)	85	120
砲身長比	40	53	44
機関銃 門	4	2	2
装甲最厚部 mm	12	90	複合装甲
登場年度	1916	1944	1990

最後にこの項の記事に関する補足を掲げる。

㈠　現在も動態保存されているマークⅠ型戦車

イギリスのボービントンとオーストラリアのパッカパンヤル戦車博物館に保存されているマークⅠ戦車は、多くの人々の努力により現在でも走行可能である。なかでもボービントンの車両は、ほぼ完全にオリジナルの形を保っている。

㈡　文中の日時、数字について

ソンム、カンブレーにおける戦闘のさいの、日時、車両の参加台数の数字は、資料によってかなりの違いがある。どれが正確なのか判らないので、一般的に使われているものを取り上げた。

㈢　マークIの概要について

第二次大戦、現代の戦車との違いを明確にするため、代表的な三種の車両の比較表と写真を掲げておく。

2――電撃戦の誕生

電撃戦とは

日頃、一般の人々にはあまり馴染みのない専門の軍事用語だが、なかにはごく普通に使われているものもある。

そのひとつが〝電撃的〟という言葉で「有名なタレント同士が〝電撃的〟に婚約を発表した」、あるいは二つの大企業が「電撃合併」といった具合に報じられる。

これは本来、ドイツ語のブリッツ（Britz 電光、電撃の意）からきているのだが、このあとに攻撃のクリーグ（Krieg）を組み合わせると、電撃戦という新しい言葉が出来上がる。

そして、これは第二次世界大戦の前半、恐ろしいまでの威力を持つ戦術を意味したのであった。なぜなら西ヨーロッパ諸国は、この戦術に対抗する手段を全く持たなかったからである。

それでは、早速、この〝電撃〟あるいは〝電撃的〟といった意味を調べてみよう。

辞書をひくと、

「雷光のように素早く行動する」

とある。さらにこの素早くという言葉に加えて、凄まじく、力強くの形容詞が加わっている。

また大きな辞書には〝電撃戦〟も載っていて、

「稲妻《いなづま》のごとく急激に敵を攻撃すること」

とある。

これらの説明でほぼその意味が判明するわけだが、実際の電撃戦はどのような戦術を指すのだろうか。

これは戦術そのものと、使用する兵器のふたつの面から見ていかなくてはならない。
・戦術面
㈠ 機甲部隊を用いて、敵の前線、防御線の突破をはかる。このさい、敵の戦力の撃破は二次的な目的にすぎない。
㈡ その後、高速をもって敵の大拠点を目指して進む。そして自軍の側面防御はそれほど重視しない。
㈢ これにより敵軍は混乱し、統一した反撃が不可能となる。
つまり、もっとも重要な点は、打撃力と高速移動ということである。
・使用する兵器

㈠　まず機甲部隊、そしてそれに続く機械化部隊が中核戦力となる。
㈡　機動力の低い砲兵には多くを期待しない。
㈢　砲兵の代わりを爆撃機、なかでもピン・ポイント爆撃が可能な急降下爆撃機にさせる。
㈣　敵陣を突破したあとの機甲、機械化部隊を、機動力を持った補給部隊が支援する。

この戦術と兵器の投入が一体となり、たとえ敵よりもかなり弱体の戦力であっても、その力を十二分に発揮させ得るのであった。

しかしもう一歩踏み込んで、電撃戦のいちばん源《みなもと》になっているものを探ると、それはいったいなんなのだろうか。

その答えは〝機動力〟が正しい。

機動力がなければ、この戦術は全く成り立たず、したがって電撃戦の言葉さえ生まれなかった。

たしかにそれ以前の軍隊は多くの馬、そして騎兵を使っていたが、これもまた機動力といえる。

このため、史上初の電撃戦の雄は、モンゴルのチンギス・ハーンとする研究者もいる。

日本の場合、間違いなく甲州の武田騎馬軍団

1940年春の西ヨーロッパの軍事力

戦力	ドイツ軍	フランス軍	派遣イギリス軍	ベルギー・オランダ軍
師団数	136コ	100	9	26＋α
歩兵師団数	122	92	9	24＋α
機械化師団数	4	5	1	2
戦車師団数	10	3	0	0
戦車の総数	2600台	3000		400
戦闘機の総数	4000機	3800		400
爆撃機の総数	2500機	2400		500

がこの戦術を多用したと考えてよい。

さて、近、現代の軍隊では、当然ながら自動車、装甲車、戦車が馬の代わりをつとめており、充分な数のこれらなくして電撃戦は実行不可能である。

そうなると、第二次世界大戦における日本陸軍にはたしかに荷が重くなる。

つまり〝機械化〟されていない軍隊では採用できない戦術であることを、認識しておかなくてはならない。

電撃戦と機械化はその意味から、決して切り離せないのである。

ところが機械化の進んだ陸軍なら、すべて電撃戦が実施できるかというと、これはまた多くの問題があってなかなか難しい。

したがって、このあたりを整理すると、

「電撃戦のためには機械化が必要条件であるが、充分条件ではない」

少々記述が難解になりすぎたので、戦闘の実例から、この新戦術を見ていくことにしよう。

なんといっても典型的な電撃戦の成功例は一九四〇年春のドイツ軍によるオランダ、ベルギー、フランス侵攻作戦であった。

ドイツ陸軍によるこの三ヵ国占領のための戦いの期間はきわめて短く、

・五月一〇日に開始、オランダ攻撃
・六月一四日に終了　フランス降伏

であった。オランダ、ベルギーはドイツと比べてたしかに小国だが、フランスは人口、国力、軍事力ともほぼ同じと考えてよい。

この事実は別掲の表を見れば一目瞭然であって、ドイツ軍と連合軍の戦力は拮抗していたのである。

対仏電撃戦の大勝利

前年の秋、ポーランドをすでに手中におさめていたドイツ軍はそれから半年後、典型的な電撃戦をもってフランスに襲いかかった。

独仏国境の南東に造られていたフランスのマジノ要塞線を避けて、その北側から第一次大戦以来の宿敵を倒そうとしたのである。

この史上最初の世界大戦のさい、ドイツ軍は大きな失敗をおかしている。

兵力的に圧倒的な敵軍（イギリス、フランス）を相手に、ごく普通の野外戦闘（会戦）を挑んだのだが、これが思うように捗《はかど》らず陣地戦となってしまった。

互いに長さ数百キロ、奥行き十数キロの塹壕を掘り、それによる対峙が延々と続く。

なんと三年も戦線が膠着するような形の地上戦は、兵力的に少ないドイツ軍にとって、体力の消耗以外のなにものでもなかった。

これにより、ドイツの勝利の可能性は、開戦後一年足らずの間に消えてしまったのである。

この反省が、自動車、戦車の発達と重なって、新生ドイツ軍に電撃戦のヒントを与えたと考えるべきであろう。

さらにドイツ軍の若手将校たちが、スペイン戦争（一九三六年七月〜三九年三月）で経験した戦車戦もまた新しい戦術の台頭を促したのである。

その根元的な理論は、戦車という強力な兵器を集団で用いることによって、持てる能力を倍増させるところにあった。

たとえば、集中的に運用される五台の戦車は、一台の戦車に比べて一〇倍の威力を発揮する。

これは戦車に限らず航空母艦や潜水艦なども同様なのである。

少々脇道へそれてしまうが、日本海軍は太平洋戦争の緒戦における真珠湾攻撃でこの事実を実証した。

さて、話を一九四〇年五月のドイツ、フランス国境へ戻そう。

ルクセンブルグから英仏海峡までの全戦線で、ドイツ軍のA、B、C軍集団は一挙にフランスへの侵攻を試みる。

中核となるのは五つの装甲軍団で、これらは八〇〇台のⅢ号、二〇〇台のⅣ号戦車からなっていた。さらに合わせて一〇〇〇台のⅠ、Ⅱ号戦車も加わる。

これに対抗するのは、フランス陸軍の第一〇、七、六、四、二軍であったが、なんと五日間の戦闘のあと散々に打ち破られてしまった。

三本の太い流れとなって突進してくるドイツ軍を阻止するのは開戦初日から困難で、合わ

フランス・セダン市を突破するドイツ軍装甲部隊のI号戦車とII号戦車。

せて九〇万人といわれるフランス軍は南へ南へと退却していった。

ともかく戦闘準備が整わないうちに、ドイツ軍の戦車が姿を見せるといった有様で、統率のとれた反撃など不可能である。

そのうえ、少しでも戦力をまとめようとすると、上空からそれを待ちかまえていたようにJu87スツーカ急降下爆撃機が襲いかかってくるのであった。

そして六月一〇日、フランス政府は首都パリを捨て、その四日後、エッフェル塔に高々とドイツ国旗が掲揚される。

開戦からこの時まで、まだ一ヵ月もたっていなかった。この状況こそ、なによりも〝電撃戦〟の威力をまざまざと見せつけるものであった。

たがいに一〇〇万人の兵力が激突したが、その決着は最初の一〇〇日間でついてしまったのである。

ところでこのフランスの戦いを見ていくと、不思議なことに気がつく。

・電撃戦の主役は明らかに戦車、装甲車、いわゆるAFVなのだが、これら戦闘車両の数ではドイツ、フランス軍とも大差がない。

・戦車の性能を見たとき、

ドイツ軍のⅢ号、Ⅳ号
フランス軍のシャールB
イギリス軍の歩兵戦車Mk2マチルダ

については、これまたほぼ同様である。

シャールB、マチルダは、機動力の面ではたしかにⅢ、Ⅳ号に劣る反面、防御力では逆に上まわっているのである。

さらに両軍の軽戦車を比較したとき、

ドイツ軍のⅠ、Ⅱ号　武装は機関銃のみ
フランス軍のR35　三七ミリ砲
〃　ホチキスH35／39　三七ミリ砲
イギリス軍のMk6　機関銃のみ

で、フランス戦車が優れていた。

つまり、数、戦車の能力もほぼ等しかったことになり、この点からはドイツ軍圧勝の原因がつかめない。

しかし現実の問題としては、

「戦車の集団投入と、電撃戦術の採用」が、大陸軍国フランスを短時間のうちに崩壊させたのであった。

またもうひとつの勝因として、合わせて八〇〇機近くが活躍したユンカースＪｕ87急降下爆撃機の存在が挙げられる。

この理由は次のようなところに由来する。当時の火砲の移動速度はきわめて遅かった。なぜなら、

・ほとんどの場合、馬匹《ばひつ》牽引に頼っていたこと

急降下爆撃を行なう Ju87 スツーカ。空飛ぶ砲兵としてドイツ軍の火砲の不利を補った。

・タイヤが空気入りのタイプではなく、木製、あるいはソリッドゴムであったこと

といえる。この部分ではドイツ軍の砲兵の近代化はあまり進んでおらず、アメリカ、イギリス軍よりかなり遅れていた。

したがって移動速度は最良の条件でも、時速二〇キロ程度だったのではあるまいか。

これに対してＡＦＶ群はその二倍の

速度で動けるから、旧来の砲兵はほとんど役に立たない。現在のような火砲の自走化は、どの陸軍でも皆無に近い状態だった。

そしてこの不利を補ったのが前述のスツーカである。

ドイツ陸軍と空軍の関係は密接であり、機甲部隊には空軍の連絡将校が配属されていた。彼らは戦車と行動を共にし、必要なとき、必要な場所にスツーカを呼び寄せる。

そして排除、あるいは粉砕すべき目標を明確に指示するのであった。

このようにドイツ機甲部隊は〝空飛ぶ砲兵〟を、思いのまま使うことができたのである。一年後には旧式化するJu87ではあるが、ここに示した戦闘に当たってはその能力を最大限に発揮する。

敵を威嚇するためのサイレンを轟かせながら、多くのスツーカが続々と飛来し、フランス軍の戦車、拠点をかたっぱしから破壊していくのであった。

またドイツ軍が、多数のトラックによる機動力のある補給部隊を用意していたことも、この種の戦術を成功させた。

いかに機甲部隊がうまく戦ったところで、燃料、食糧、弾薬の補給が途切れれば敗北は目に見えている。

必要な物資が、必要な時に届いてこそ、すべての能力を出し切れるのである。

第一次大戦のさいの塹壕戦の失敗をすぐに学び、その中から電撃戦という戦術を誕生させたドイツ軍の当時の若い将校（たとえば、グーデリアン、トーマなど）は、今日の目で見ても充分評価に値する。

これに対して日本陸軍は日露戦争（一九〇五年に終結）から、太平洋戦争の勃発までほとんど戦い方を変えようとはしなかった。

いや、開戦二年前のノモンハン事件の敗北もまた、この種の戦術を生み出してはいないのである。

戦争はある意味で国家間の技術競争という見方もでき、その点からは日本陸軍の不勉強、創意、工夫の不足を嘆くばかりという他ない。

翳りを見せた対ソ戦

しかしながら対オランダ、ベルギー、フランス戦で多大な成功をおさめた電撃戦も、一九四一年六月から開始された対ソ連戦では、開戦から半年の間しかその効力を発揮しなかった。

初期こそソ連に侵攻したドイツ機甲部隊は目覚ましいほどの活躍を見せ、フランスに続いて東の赤い大国のすべてをその手中におさめるかに思えた。

それが一九四二年に入る頃から翳《かげ》りを見せはじめ、この年の秋には苦手とする消耗戦に追い込まれていく。

ロシアの土を蹴散らして突進し、縦横に走りまわっていたⅢ号、Ⅳ号戦車はいつの間にか陣地に籠って戦わざるを得なくなっていた。

電撃戦の効果は少しずつ失われ、戦いは長い戦線に沿って行なわれる形になってしまったのである。

この最大の理由は、まず補給線が延び切ってしまったことにあると考えてよい。

ベルリン――パリ　八八〇キロ

ベルリン――モスクワ　一六五〇キロ（注、いずれも直線距離）

の差は、明らかに補給部隊の能力を超えていたのであった。

さらに道路網が発達した西ヨーロッパ、舗装道路が皆無に近いロシアといった地理的条件も、ドイツ機甲、輸送部隊に不利に働いたものと思われる。

一九九一年の湾岸戦争を最後に、すでに世界から大規模な地上戦闘が行なわれるような戦争は影を潜めてしまっている。

したがって大戦車部隊が地響きを立てて他国の奥深くまで侵攻する、といった場面は二度とあり得ない。こうなると〝電撃戦〟という言葉自体が、ドレッドノート級戦艦を示す弩級《どきゅう》、超弩級といった表現と共に間もなく消えていく可能性が高い。

それでもなお、戦車、装甲車の突進を急降下爆撃機の大群が支援し、なによりも速度重視の新戦術として電撃戦が忘れられることはないだろう。

3——潜水艦の登場

潜水艦の威力の証明

第一次大戦が始まって間もない一九一四年九月二二日、オランダ沿岸をイギリスの艦隊が悠々と、その威容を誇って航行していた。

当日は海も穏やかで、このイギリス艦隊に脅威をおよぼすような敵は存在しないように思えた。しかし、まったく突然にその襲撃は行なわれた。

ドイツ海軍のＵ９潜水艦は海面すれすれに身を潜め、たった一隻でこのイギリス艦隊を襲撃したのである。

決して新型とは言えないＵ９ではあるが、その威力は恐ろしいものであった。

わずか一時間足らずの間に、イギリスの装甲巡洋艦アブーキア、クレッシー、ホーグの三隻が続けざまに撃沈されたのである。

これらの巡洋艦は排水量一万二〇〇〇トン、口径二三センチの大砲四門を装備し、少々旧式ながら極めて強力な軍艦であった。

乗員は七六〇名。つまり三隻で二二〇〇名以上の将兵が乗り組んでいたが、このうちの約半数が沈没によって戦死している。

一方、攻撃した潜水艦の排水量はわずかに四〇〇トン。乗員数は五〇名に満たない。

つまり一隻の小型潜水艦によって、一万トンを超える巡洋艦三隻が短時間のうちに沈められてしまったのである。

これこそ実戦において、潜水艦というものの威力が明確に証明された最初の戦いであった。

海面下に姿を隠し、全く突然に敵の軍艦や商船に襲いかかる潜水艦という兵器については、遠い昔から考えられていた。

飛行機、ヘリコプターなどのアイディアを出したレオナルド・ダ・ビンチのスケッチの中にも、この潜水艦が示されている。

しかし現実の問題として、このような兵器を作ることは技術的に難しく、本格的な潜水艦の登場は一九一四年の第一次世界大戦を待たなければならなかった。

しかし、それでもこの兵器を実用化したいという軍人、技術者の夢は早くから現われており、一七七六年のアメリカ独立戦争の時、すでに一人乗りの人力航行潜水艦タートルがつくられている。

この潜水艦は木製の樽のような形をしており、手回しのスクリューでゆっくりと止まっている敵艦に近づき、錐《きり》で船底に穴をあけようというものであった。

それから九〇年後にアメリカの南北戦争が始まると、両軍とも潜水艦を建造した。南軍のデビッドは一八六三年、チャールストン港外で北部海軍の鋼鉄艦ニュー・アイアンサイドを攻撃している。この戦艦は大破したが、デビッドも爆発の衝撃で沈没している。

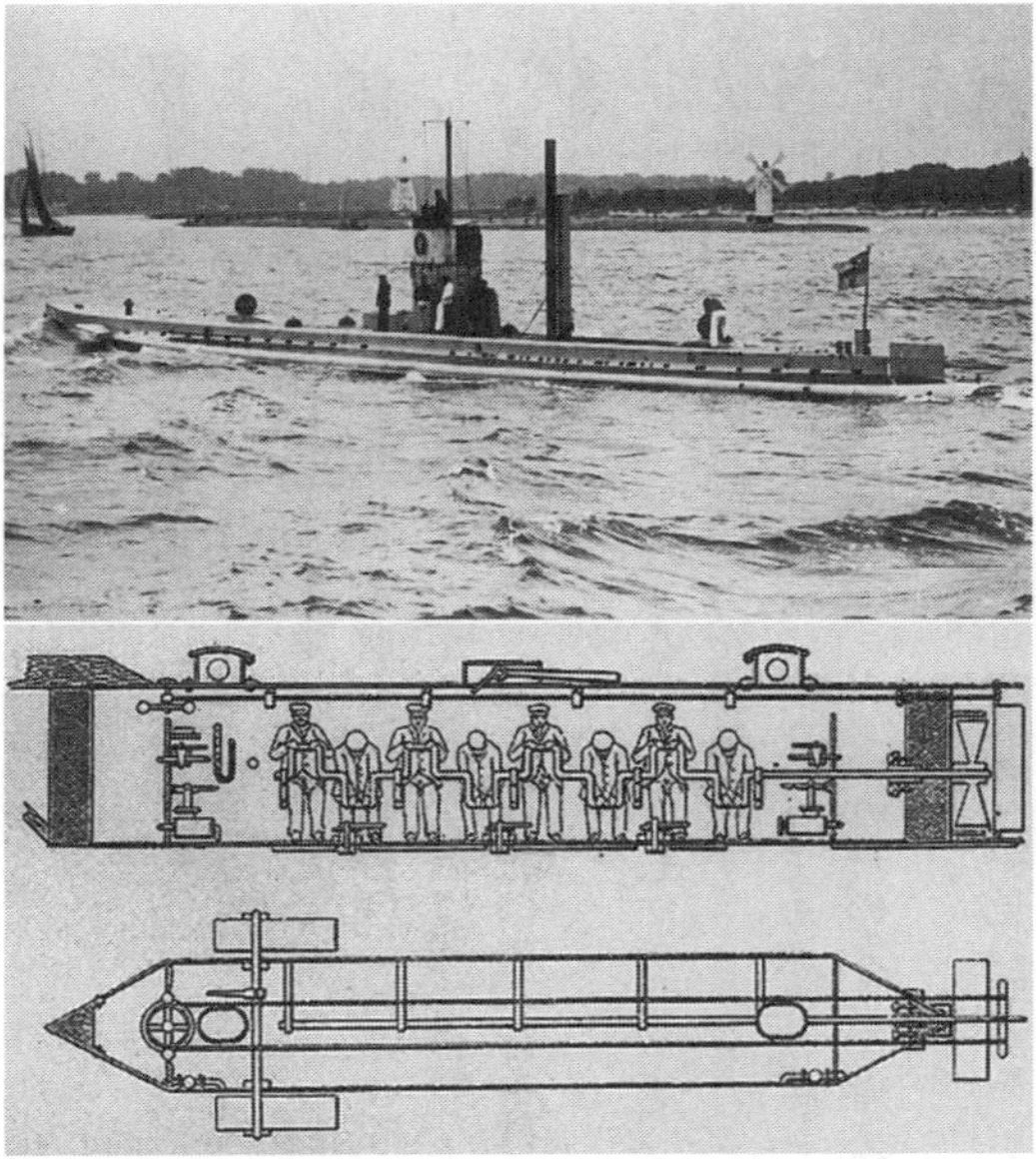

装甲巡洋艦３隻を一挙に撃沈したドイツ潜水艦U9(上)と米南北戦争時に潜水艦として初めて敵艦を撃沈したハンレーの図。

その後も南北戦争では、たびたび潜水艦による攻撃が行なわれ、その翌年には同じく南軍の潜水艦ハンレーが、初めて長い棒の先についた爆薬を用いて北部海軍のフリゲート艦、ハウサトニックを撃沈した。

つまり一八六〇年代の戦いにおいて、潜水艦が十分実用的な兵器であることは証明されたのである。

しかし不思議なことに、その後どのようなわけか潜水艦の研究は停滞してしまった。

WWIにおける独潜の活躍

そして二〇世紀に入り、一九〇四、五年に行なわれた日本とロシアの戦争（日露戦争）の際、両軍ともあわてて潜水艦の購入を急いだ。

当時、最もこの分野の研究が進んでいたのはアメリカであって、どちらの国もホランド型と呼ばれる潜水艦を買い入れたが、結局実戦に間に合わなかった。

しかし、潜水艦という兵器についての情報は広く行き渡っており、どちらの海軍もこれに気を配っていたのも確かである。

日露戦争ではまったく登場しなかったにもかかわらず、この戦争からの一〇年間、各国は異常なほどこの兵器の整備に力を入れた。

数の問題だけではなく、技術の点から見ても次々と新しい機構が生み出されたのである。それらは高性能のディーゼルエンジン、容量の大きな潜水艦用電池、精密なジャイロ装置を備えた魚雷などであった。

この点に関しては、各国の海軍関係者は先見の明があったとみえる。

一九一四年八月四日に始まった第一次世界大戦では、潜水艦の威力は海上の王者と言われていた戦艦をはるかに上回り、驚異的な戦果を挙げる。

またこの大戦の両側の主役となったドイツとイギリスは、開戦までに多くの潜水艦を揃えていた。イギリス海軍は六四隻、ドイツは二八隻、さらにイギリス側に立ったフランスは八六隻であった。

前述の如く、イギリス、ドイツ、フランスなどの海軍はこの潜水艦という兵器について、その威力を十二分に理解していた。

明治38年、日露戦争後の凱旋観艦式における日本海軍のホランド型(上)と第一次大戦中、キールに憩うドイツ海軍Uボート。

　ところが面白いことにこれを予知できていたのは、互いの潜水艦部隊の将兵だけだったようである。

　相変わらず圧倒的な数を誇っていた水上戦闘艦、つまり戦艦、巡洋艦、駆逐艦等の指揮官や乗組員は、潜水艦の価値、能力等にはまったく関心が無かったのである。

そのため水上艦による潜水艦探知技術、そして掃討技術については、まったく何の関心も払われぬまま開戦を迎えてしまった。

そして第一次大戦が勃発して間もなく、最初に掲げたようにドイツの潜水艦Uボートは、大西洋はもちろん地中海でも大活躍をするのである。

一九一四年の一二月には、初めてイギリス戦艦フォーミダブルがU24によって撃沈された。ドイツ海軍の潜水艦は十分な訓練を受けた乗員によって運用され、かつ技術的にもイギリス、フランスのそれを大きく上回っていた。

このため、あまり振るわなかったドイツ水上艦部隊に代わって、次々とイギリス・フランスの大型艦を撃沈していくことになる。

ともかく、敵艦の砲撃によって大戦中に沈没したイギリスの戦艦は皆無であるのに対して、潜水艦によってはじつに四隻が沈められている。

戦艦と潜水艦の建造費を比べれば、たぶん数十分の一で済んでいるはずである。乗員から言っても戦艦の一〇〇〇人に対して、潜水艦は五〇人と二〇分の一であって、一隻が敵の手によって沈められたとしても、その人的損害の差はいちじるしく大きい。

いったん出撃すれば、敵の軍艦や商船を見つけるのが容易だったドイツ海軍のUボートは、それらを手当たり次第に攻撃し大打撃を与える。

軍艦については、合わせて戦艦五隻、巡洋艦八隻、駆逐艦七隻を撃沈している。

効果的、かつ衝撃的な兵器

さらに潜水艦がより大きな戦果を挙げたのは、イギリスに対する通商破壊戦であった。日本と同様島国であるイギリスは、オーストラリア、インド、南アフリカ、カナダといった連邦諸国との通商によって国力を維持していたのである。

ドイツは戦争の中頃から無制限潜水艦戦に突入し、連合軍側の商船を片っ端から沈めていく。

たとえば一九一七年二月には、二九一隻の商船、総トン数でいえば五〇万トンを沈めてしまったのである。

第一次大戦初期の独・英潜水艦

要目など＼級名	ドイツ U19級	イギリス D1級
水上排水量 トン	650	550
水中排水量 トン	840	600
全長 m	64.2	49.4
ディーゼル出力 HP	1700	1600
モーター出力 HP	1200	550
水上速力 kt	15.4	16.0
水中速力 kt	9.5	9.5
水上航続力 浬	8500	2500
水中航続力 浬	80	60
最大潜航深度 m	50	60
大砲の口径 cm	8.8	7.6
魚雷発射管 門	4	3
就役年	1913	1910

これにより大英帝国の運命は風前の灯火《ともしび》となった。

しかしながら、その後のアメリカの参戦によりイギリス側の対潜水艦戦力は一気に増加し、最終的にはU

ボートを封じ込める事に成功する。それでも第一次大戦中の全期間を通じて、Uボートは五万二〇〇〇隻の商船、総トン数一二二〇万トンを撃沈した。

繰り返すが、五万隻、一二〇〇万トンというのは、まさに驚異的な数値である。

これに対してドイツ海軍のUボートの損失は一八七隻、戦死者は五〇〇〇名足らずであった。たぶんUボートによるイギリス・フランス・アメリカ・ロシアなどの商船の乗組員の死者は、五〇万人にのぼったに違いない。したがって冷徹な数字を並べれば、戦死者に関する限り一〇〇対一にまで開いたものと思われる。

このように見ていくと、潜水艦という兵器がいかに効果的でかつ衝撃的であったか、十分に理解出来るのである。

さらに驚いたことに当時の潜水艦の能力は、決して高いとは言えなかった。

別表に、第一次世界大戦時における初期のドイツとイギリスの潜水艦のデータを示すが、排水量はいずれも七〇〇トン足らず、水上速力も一五ノット程度にすぎない。

また、第二次大戦の潜水艦と違って、最大潜航深度はわずか五〇メートルである。

このように貧弱な性能にもかかわらず、潜水艦があれだけの効果を挙げられた理由は、どこにあったのであろうか?

ここで話は前に戻る。日露戦争以後、潜水艦という兵器が驚くほど進歩したにもかかわらず、これに対する探知、制圧、掃討技術はまったく整わないままであった。

どうやって水面下の潜水艦を見つけ出し、その位置を確かめ攻撃するかという点に対して、各国海軍はまったく何の研究もしていなかったのである。

これについては海軍の上層部の不勉強と言うほかはない。

しかも、もう一つ驚くべき事実がある。第一次大戦であれほどUボートに痛めつけられたイギリスも、それから二一年後に始まった第二次世界大戦において、全く同じ過ちをおかすのである。

対潜水艦戦技術をなおざりにしたため、開戦とともに再建されたUボート部隊は、灰色狼の名に相応《ふさわ》しく次から次へとイギリスの商船を撃沈し、再びこの島国を封じ込める。

しかし、アメリカはこの現状を見て、五〇隻の駆逐艦を貸与し、これにより第一次大戦の場合と同様にイギリスは危機を逃れるのである。

このような新兵器・潜水艦の活躍が、我々にある種の教訓を与えてくれる。

それはいったいどのような事なのであろうか？　簡単に言ってしまえば、政治家、技術者等あらゆる職業を問わず、この世界に生きている指導的立場にある人は、常に情報を集めそれを分析すると同時に、勉強を怠ってはならないという教訓であろう。

繰り返すが、第一次世界大戦当時はもとより、第二次世界大戦の勃発にあたって海軍の軍人の大部分は潜水艦の進歩の度合いを知ることも、またそれを制圧するための研究もほとんどしていなかったのである。

だからこそ、この新兵器は世界の歴史を変えるほどの活躍を見せたのである。

我々が過去の戦史から学ばなくてはならないのは、このような事柄なのではあるまいか。

4——潜水艦の狼群戦術

効率の高い兵器としての潜水艦

いかに高い戦意を持ち続けている軍人であっても、なんとなく闘いにくい相手というものがあるのではないか。

たとえば市街戦を戦っている戦車兵にとっては、火焔ビン、破甲爆薬を持って街角から飛び出してくる歩兵、あるいは駆逐艦の乗組員から見れば、必殺の魚雷を抱いて暗闇の中から全く突然に襲いかかってくる魚雷艇などがそれにあたる。

しかしそれ以上に嫌な相手が、軍艦、輸送船にとっての潜水艦なのである。

なんといっても襲いかかってくる相手の姿が最後の最後まで見えない、というところが身震いするほど恐ろしい。

充分な訓練を積んでいるとは言え、まさに〝透明人間〟と戦っているような気さえしてくるのである。

ここでは、それに加えて複数の潜水艦による集団攻撃、狼群作戦＝ウルフ・パック（Wolf Pack）を取り上げる。

ご存知のようにパックとは名詞形で〝荷物〟を表わす単語だが、動物の群れ、軍艦や航空機の一群という意味もある。

さて、アメリカの南北戦争から実戦に投入された潜水艦という兵器であるが、それが本格的にその威力を発揮したのは第一次世界大戦（一九一四～一八年）であった。

ドイツ海軍は、水上艦戦力の不利をこれによって補おうと考え、のちにUボートと呼ばれることになる新兵器を大量に建造した。

その目的は極めて明確で、

・イギリス海軍の戦力の削減

・島国であるイギリスの封鎖と通商破壊

である。

すでに記したごとく、Uボートはまさに期待以上の活躍を見せ、一時的ながら大英帝国を崩壊寸前まで追い込んでいった。

しかしながらアメリカが連合軍側（イギリス、フランス、ロシア、イタリアなど）に立って参戦したため、ドイツは敗れる。

それでも潜水艦の威力は、世界のすべての国に知れわたったのであった。

連合軍の二つの「船団の橋」

第二次大戦時、出撃中に沈めた隻数とトン数を示すペナントと数字を掲げてキール軍港に停泊するUボート（UⅦB型のU48）。

また一九三九年九月から始まった第二次世界大戦においても、この状況は変わらなかった。

先の大戦で充分に痛めつけられたはずのイギリス海軍の対潜水艦戦の準備は整っておらず、再びUボートの跳梁を許してしまうのである。

開戦時、わずか四〇隻程度の戦力しか揃えられなかったドイツ海軍の潜水艦ではあるが、それらは持てる能力を思う存分発揮した。

なかでも一九四〇年の夏からは、かつてのフランスの海軍基地の使用が可能となり、ここから大西洋に出撃するUボートの戦果は膨大なものとなっていく。

・六月＝五八隻　二八・四万トン
・七月＝三八隻　一九・六万トン
・八月＝五六隻　二六・八万トン

めるところまでにはいたらなかった。

・九月＝五九隻　二九・五万トン
・一〇月＝六三隻　三五・二万トン

一方、Uボートの損失はわずかに六隻だけであった。

この後もドイツ海軍の潜水艦は大西洋、地中海で大いに暴れまわり、向かうところ敵なしの状態を見せつけるのであった。

しかし、イギリスもこれを傍観していたわけではなく、次第に対潜戦闘に本腰を入れはじめる。

加えて陰に陽にアメリカはイギリスを手助けし、のちには手を携えてUボートの封じ込めに動き出した。

効果的な対潜兵器の開発、たとえば、

・沈下速度の大きな爆雷
・各種の前方投射兵器
・潜水艦探知専用の高性能レーダー
・対潜戦闘専用の艦艇の建造
・対潜哨戒用の航空機の配備

などに加えて、

を積極的に進め、これが徐々に効果を表わす。

これによりその外観から〝灰色狼〟と呼ばれて恐れられたUボートも、少しずつ活躍の場を失っていった。

いかに果敢に攻撃を繰り返しても、戦果は挙がらず、反対に損害は増えるばかりである。

さらに、もっとも重要な攻撃目標である連合軍側の輸送船団の行動は巧妙になり、それらを発見することさえ難しくなってしまった。

それまで易々と太った羊の群れをを見つけだし、思う存分喰い荒らしていた灰色狼たちも空腹を満たせなくなったのである。

このままでは遠からずUボートは完全におさえ込まれる。このような危機感を持ったドイツ海軍が新たに考案した〝新戦術〟が、複数の潜水艦をひとつの船団《コンボイ》に差し向ける狼群作戦(ウルフ・パック)であった。

当時、連合軍はふたつの「船団の橋」を運用していたが、それらは、
・アメリカ、カナダとイギリス本土
・イギリス本土から北極海を通りソ連
というものである。

前者は出発港ニューヨーク、ボストン、ハリファックスなど、到着港はポーツマス、リバプール。

後者は、出発港リバプール、到着港ムルマンスクで、もちろんこれら以外の港湾も使われてはいたが、全輸送量の七、八〇パーセントがここに集中している。

とくにリバプールとムルマンスク間の航路の安全こそ、戦争の行方を決定するものといえ

た。なぜならドイツ陸軍が全力を注入して戦っている唯一の相手は、ソ連の赤軍だけだったからである。これを熟知していたアメリカ、イギリスは次から次へと大船団を送り出し、ソ連を助けようとしていた。そのための北極海ルートこそロシアの生命線であり、逆にドイツにとってはこれを絶ち切ることが勝利への鍵となる。

狼群作戦の効果が試されるのは、まさに世界でもっとも厳しい海と考えられているこの海域であった。

起死回生の新戦法

そしてウルフ・パックは次の手順によって実施される。

(一) 航空機、潜水艦により敵の輸送船団の発見につとめる。
(二) コンボイを発見したらすぐに攻撃にうつらず、友軍のUボートを呼び集める。
(三) そして少なくとも五隻以上が集結したところで、連絡をとり合いながら四方から攻撃を開始する。
(四) 時には一隻が囮《おとり》の役を引き受け、護衛艦《エスコート》を船団から遠くへ誘い出す。
(五) 残りのUボートは昼夜を問わず、攻撃を続行する。

これまでのごとく、Uボートが単独でコンボイを襲うのと比べて、狼群作戦の効果は素晴らしいものであった。

たとえば一隻だけで攻撃を実施した場合、数隻の護衛艦が協力し合って反撃してくる。

ドイツ潜水艦にとって、これはなんともやっかいで、また恐ろしい。

しかし複数で同時に船団に襲いかかれば、エスコート部隊の戦力は否応なく分散され、また反撃も限られたものになるのはしごく当然であろう。もしかすると、全く反撃を受けないUボートもあるかも知れない。

しかも四方、八方から魚雷を発射すれば、守る側の混乱は目に見えている。

強力な連合軍の対潜部隊に対してUボート側は集団で船団を襲う「狼群作戦」を編み出した。写真は洋上で会合するUボート。

このウルフ・パックの最大の成功は、一九四二年七月のPQ17船団への襲撃である。

リバプールからムルマンスクに向かったこの船団は、出港時三六隻だったが、途中二隻が引き返したため、輸送船三四隻で編成されていた。

このコンボイのエスコートには、駆逐艦六隻、コルベット四隻、対空砲艦二隻、救難艦三隻がつく。

なおコルベットとは、排水量一〇〇〇トン程度の小型の対潜水艦戦闘の専用艦である。

これに対してドイツ軍は多くの航空機、ハインケルHe111爆撃／雷撃機、フォッケウルフFw200爆撃／雷撃機を繰り出し、また七隻のUボートにより波状攻撃を行なった。

イギリス海軍の指揮の乱れもあって、この攻撃は驚くほどの成功をおさめた。三日間の戦闘のあと、生き残った輸送船はわずかに一一隻だけだったのである。

コンボイの積み荷としては、

・航空機二九七機のうちの二一〇機
・戦車五九四台のうちの四三〇台
・車両四二四六台のうちの三三五〇台

が海底に沈んでしまった。

航空戦、地上戦でこれだけの損害を敵軍に与えようとすると、味方のそれもかなりの数にのぼってしまう。ところがこの船団をめぐる戦闘におけるドイツ側の損失は、皆無に近いものであった。

次にUボートのみで実施したウルフ・パックの成功例を見ていくことにしよう。

同年八月の大西洋における船団SC94に対する攻撃である。

この船団は輸送船二八隻を駆逐艦一隻、コルベット六隻でエスコートするものであった。これらをUボート五隻が攻撃し、三日間にわたって激戦が続いた。

この結果は、

・輸送船一一隻、合わせて五・二万トンが沈没
・Uボート　二隻沈没

というものである。

またこれ以外に翌月、七隻のUボートがこの戦術により一隻の損失をもって八隻の輸送船を撃沈している。

さらに十一月には五隻が一一隻を沈めたが、損害はこれまた一隻のみであった。

なおUボートによる月別の最大の戦果は、一九四二年一〇月の一〇九隻、総トン数七二・九万トンとなっている。これこそ〝狼群の勝利〟である。

米海軍のウルフ・パック

これまでヨーロッパ海域におけるUボートの狼群作戦を見てきたが、より深く研究すると、このウルフ・パックは太平洋においてこそ、その威力を発揮していたことがわかる。

当然、この戦術を多用したのはアメリカ海軍であった。

・攻撃側＝アメリカの潜水艦隊
・防衛側＝日本艦隊、輸送船団

この戦いでは、ひとつひとつの戦闘の規模は決して大きくはないものの、数が多いので日本側は莫大な損害を出している。

そのうえ、大部分の戦闘の結果は日本側の惨敗であった。

その典型的な戦闘の概要を次に示す。

米海軍も太平洋で狼群作戦を採用。写真は作戦を終え帰投する米潜水艦。

・一九四四年八月一八～二四日

〔日本側〕

船団ヒ71　一八隻で編成

護衛部隊　空母一隻、駆逐艦三隻、海防艦（コルベット、フリゲートに相当）九隻

〔アメリカ側〕

ガトー級潜水艦三隻

三隻の潜水艦はレーダーを駆使し、また互いに連絡をとりながら、バリンタン海峡をシンガポールに向かって進む日本軍コンボイを思うままに攻撃した。あらかじめ暗号の解読によって日本側の編成、行動を把握していたこともあって、襲撃は理想的な形となった。

空母大鷹《たいよう》が最初の犠牲となり、その後、日本海軍の保有する最大のタンカー速吸《はやすい》（一万八三〇〇トン）もその後を追う。

最終的に日本側は空母一隻、海防艦三隻、輸送船四隻が沈められ、二隻が損傷を受けている。

アメリカ側は潜水艦一隻を失ったが、この損得勘定がどちらに有利なのか、記すまでもあるまい。

さらに日本海軍が船団のエスコートという任務を軽視したこともあって、アメリカ海軍の狼群戦術はほとんどの場合成功している。

第二次大戦中の代表的な潜水艦

クラス名／要目など	Uボート 7C型 （ドイツ）	ガトー級 （アメリカ）	大型 伊15型 （日本）	中型 呂35型 （日本）
排水量 水上 トン	770	1530	2200	960
水中 トン	870	2420	3650	1450
全長 m	67.1	95.0	109	80.5
全幅 m	6.2	8.3	9.3	7.1
吃水 m	2.8	4.6	5.1	4.1
ディーゼル機関 HP	2800	5400	12400	4200
モーター HP	750	2740	2000	1200
速力 （水上） kt	17	20	24	20
（水中） kt	7.5	8.8	8.0	8.0
航続距離 （水上） km	12000	20000	25000	9000
（水中） km	150	180	170	90
発射管 門	5	10	6	4
搭載魚雷 本	14	24	17	10
砲口径 cm	10.5	7.6	14.0	8.0
機関砲 門	5	3～4	1	2
乗員 名	44	83	94	61
建造数 隻	700	200	20	18
安全深度 m	90	90～120	100	80

三隻を一組にして、二、三隻の護衛艦と五隻程度からなる日本船団を襲うのである。

時にはそれぞれ三隻、九隻から編成された船団が全滅に近い損害を受けることさえあった。

他方、日本海軍は一度として

組織的なウルフ・パック戦術をとることがなかったばかりか、潜水艦の集団運用に最後まで気付かないまま戦い続けた。

それどころか、アメリカの輸送船が日本軍の潜水艦の攻撃により沈められた例もきわめて少ない。

また本来なら潜水艦の掃討を任務とする駆逐艦、海防艦が、逆にアメリカ潜水艦の餌食《えじき》になっている。ともかく、

・アメリカ潜水艦によって沈められた駆逐艦四八隻、海防艦四〇隻

に対して、

・潜水艦の撃沈は航空機によるものを含めても五二隻

だけなのであった。

もはや時が流れ、複数の潜水艦が協同して敵の大輸送船団を攻撃する、といった形の戦闘が再現されることはないだろう。

しかしいつの世にも、新しい戦術を生み出すための研究は必要であって、またそのような努力こそ平和の時代の国家の発展に繋がる。

なにも戦争のための技術開発に限らず、斬新なアイディア、創意こそすべての面での成功の鍵なのである。

これを実感するためにも、我々は戦史を常に学ばなくてはならないのではあるまいか。

別表にも示したごとく、日本海軍の潜水艦の能力、性能はアメリカ、ドイツのそれと比較

して決して劣ってはいなかった。

それにもかかわらず、戦果はわずかという他はない。

つまりこれまで述べてきたように、不足していたのは海軍の指導部、上層部の研究心、創意工夫であった。

現代においてさえ、日本人はこの点に気付いていないと著者は痛感するのだが……。

5――航空機の登場

〝空飛ぶ機械〟の登場

航空機が戦争に初めて登場したのは、一八六一～六五年の間続いたアメリカ南北戦争である。

そんなことはない、第一次世界大戦（一九一四～一八年）のはずだ、といった声が聞こえてきそうだが、厳密にいえばこれは正しい。

正確をきすために述べておくが、気球、グライダーの類も航空機に属するからである。

南北戦争はある意味で新兵器の実験場といえた。観測用のガス入り気球に加えて、機関銃、潜水艦、電信機、装甲列車などが姿を見せている。

さらに、航空機（ここでは飛行機を指す）が参加した最初の戦争は第一次世界大戦である、といった説明も間違いで、

・イタリア／トルコ戦争（伊土戦争）

一九一一年九月二九日〜一二年一〇月一五日
であった。

ライト兄弟がエンジン付の航空機による初飛行に成功したのが一九〇三年のことであるから、それから一〇年と経たないうちに〝空飛ぶ機械〟は戦争の道具となったのであった。

しかし、実質的には、やはり第一次大戦が善し悪しにかかわらず飛行機を育てたとしてよいのではあるまいか。

セルビアにおけるオーストリア皇太子夫妻の暗殺をきっかけとして始まった人類史上最初の大戦争は、

・連合側
イギリス、フランス、イタリア、アメリカ、ロシア、日本など
・同盟側
ドイツ、オーストリア／ハンガリー、トルコなど

が参加する、まさに地球規模のものとなる。

一九一四年七月に火蓋が切られたとき、両方の側の持っていた軍用機の数は、すべてを合わせてもせいぜい一〇〇〇機といったところであった。

ところが別表に示したごとく、またたく間にこれは欠かせぬ兵器となり、戦争中には一〇万機近くまで生産されることになる。

航空機の保有数

	1914年初頭	戦争中の生産数	終戦時の保有数
イギリス	70機	55000機	11000機
フランス	140	24000	6000
イタリア	170	12000	1700
ドイツ	180	49000	2500
アメリカ	20	18000	3700

注）軍に配備されていた練習機を含む総数
　　日本、ロシア、オーストリアについては不明

ともかく上空から敵の動きを偵察する、爆弾を投下する、地上の敵軍を銃撃するといった任務のすべてで、飛行機はそれまでの軍隊に大きな影響を与えた。

つまり陸軍に所属するそれぞれの部隊、兵科は、全く新しい敵に対処しなくてはならなくなったのである。

本項ではこれについて述べるつもりだが、その前に日本ではほとんど知られていない、飛行機の実戦初参加の状況を簡単に記しておこう。

初めて戦争に使われた飛行機、ルンプラー・タウベ単葉機。イタリアがドイツから輸入、伊土戦争で偵察などに使用された。

飛行機の実戦初登場

イタリア／トルコ戦争は一九一一年九月から約一年間続いた紛争で、北アフリカにおける両国の植民地の奪い合いであった。具体的には現リビア、ロードス島などが戦場となった。

イタリアはドイツから輸入したタウベ単葉機（初期型・エンジン出力はわずか六五馬力）を、数回にわたり偵察に投入している。またそのさい手榴弾を投下したとも伝えられているから、爆撃も行なわれたことになる。

一方、トルコ軍兵士はこの戦いではじめて飛行機というものを見ている。

しかし、当時にあって飛行機はまだまだ恐ろしい存在ではなかったとみえて、これといった反応は示さなかったようである。

この意味から航空機の実戦初登場は、必ずしも〝衝撃のデビュー〟ではなかった。

それでもなお、この飛行機械が偵察という任務には使えることがわかったのである。

イタリア／トルコ戦争が終わったのは、一九一二年一〇月一八日で、第一次世界大戦の勃発まで約二年の月日があった。

この間、航空機の進歩はいちじるしく、なかでも機関銃が搭載可能となったことが、これを本格的な兵器に変身させたといえる。

なお日本における軍用航空機の投入は、やはり第一次世界大戦で、ドイツの領有する青島《チンタオ》の攻防戦となっている。

このさいファルマン型の偵察機が出動し、偵察と爆撃を行なった。

WWIにおける活躍

人類がはじめて経験する大戦争、第一次世界大戦は両方の側の思惑を超えて拡大の一途をたどり、莫大な犠牲を強いる。

四年と三ヵ月あまり続いた戦いによって生じた死傷者は、実に三五〇〇万人に達した。

さらに、潜水艦、戦車、飛行船、毒ガスといった新兵器が広く使われ、それによる被害は驚くべきものとなった。

先にわずかに触れたが、飛行機もこの一部であり、同時に〝制空権〟という言葉も誕生している。

それでは、次に戦闘に登場した飛行機について見ていくことにしよう。

機種としては、偵察機、戦闘機、爆撃機、地上攻撃機の順で生まれてきたのだが、なんといっても中心となるのは戦闘機である。

初期の飛行機は、一〇〇馬力程度のエンジンを備え、時速一三〇キロ程度でなんとか飛べるといった代物であった。

もちろん武装はなし、爆弾も積めない。

したがってこなせる任務は偵察、それも目視だけなのである。

しかし、間もなく少しずつながら性能が向上するにつれ、空中戦へと移行する。

その搭載武器は、

㈠　相手にぶつけるためのレンガ

㈡　歩兵用の小銃

㈢　機関銃

と進化していった。最初のうち、武器を搭載する余裕はなく、五、六コのレンガがその役割を果たした。

のんびり飛んでいる敵機にしのび寄り、真上まで近づいたところでレンガをぶつけるのである。

これで撃墜した例があるのかどうか全く不明だが、ロンドンのイギリス空軍博物館にはこれに使われたレンガが展示されている。

さて、機関銃、それもプロペラの回転面を通して発射するいわゆる〝同調式機関銃〟が開発されると、空の戦いは一気に本格化した。

戦闘機は敵の偵察機を発見すると、これに向かって目の敵《かたき》のごとく襲いかかる。

一方、自軍の偵察機が襲われる可能性が大きいとなると、当然護衛《エスコート》の戦闘機がつくことになる。

ここに否応なく戦闘機同士の空中戦が激化した。

こうなると両軍のパイロットは少しでも高性能の飛行機を要求しはじめ、技術者たちはそれにこたえるべく努力する。

このためわずか一〇数年前に生まれたばかりではあるが、性能は飛躍的に向上していった。

その根元となったのが、エンジン出力であり、大戦中の四年間に一〇〇馬力から二・五倍までに増加している。

これは第二次世界大戦（一九三九～四五年）の場合も同様であるが、優秀なエンジンこそそのすべてであった。

主要な参戦国三ヵ国の最優秀戦闘機とそのエンジン出力は、次のようになる。

フランス　スパッドS13　二三五馬力

イギリス　SE5　　　　　　　二〇五馬力
ドイツ　　フォッカーDⅦ　一七五馬力

この数字からわかるように、第一次大戦中の各国技術陣は最大出力二〇〇馬力の発動機を造り、大量生産することに全力を傾注した。

そしてフランス、イギリスはこれを実現したが、ドイツは結局できないままに終わる。

第一次大戦に参戦した、主要3ヵ国の代表的な戦闘機。上からイギリスのSE5、フランスのスパッドS13、ドイツのフォッカーDⅦ。

つまり航空エンジンに関していえば、
・第一次世界大戦　二〇〇馬力級
・第二次　〃　二〇〇〇馬力級
の実用化が航空戦の勝敗を決したといえるのである。

後者において日、独両国はなんとか二〇〇〇馬力のエンジンを開発し得たものの、その信頼性から言えば、明らかにイギリス、アメリカに遅れをとったという他ない。

第一次大戦のドイツ空軍は、
・フォッカー　DⅦ
・アルバトロス　DⅢ
に代表される戦闘機を投入してはいるが、やはり英、仏のそれと比べると半歩ほど遅れていたようである。

広がる飛行機の用途

一九一六年頃からいわゆる西部戦線（フランス、イギリス対ドイツの戦い）では、航空機の数がますます増えていった。

両軍合わせると、一日一〇〇〇機を超す戦闘機、偵察機が出撃することさえあった。

加えて用途も広がっていき、弾着観測、戦略爆撃、艦艇攻撃にも投入される。

また戦術的には制空権の獲得と同時に、前線における地上攻撃が重要視されはじめた。

小型の爆弾（最小のものは重量わずか四・五キログラム）と、搭載の機関銃を使っての敵陣への攻撃はきわめて有効であった。

当時の航空機は運動性がよく、地表すれすれまで降下して、爆弾と機銃弾を敵軍に叩き込む。

これに対して歩兵の側からの反撃手段がない。火砲、機関銃のいずれも上方に発射できるように造られておらず、小銃では命中率が低すぎる。

のちに高射砲、高射機関銃も配備されるが、それでも飛行機の有利は最後まで変わらなかった。

しかもこの状況は第二次世界大戦の全期間においても続き、一九六〇年代の終わりになってようやく対空ミサイルの登場を見ることになる。

常識的に考えても、重力に逆らって下から上へ撃ち上げる銃弾、砲弾の威力が時間と共に低下するのは容易に理解できよう。

このような具合で、戦場における航空機の活躍は日増しに特筆すべきものとなった。

なかでもドイツ軍は英仏より先に、

・ハノーバーＣＬⅢ

・ユンカースＣＬⅠ、ＪⅠ

といった地上攻撃機を開発し、大きな戦果を挙げている。

二梃の機関銃に加えて、五～二〇キロの爆弾数発を携えたこれらの航空機は、崩れつつあるドイツ陸軍にとって得がたい救い主となった。

それでも最終的に、祖国の崩壊は喰い止められなかったのであるが……。

戦争の三年目あたりから、フロート（浮舟）を取り付けた水上機が登場し、これまた海軍の戦略に変革を強要しはじめた。

それらの水上機の兵器搭載量が少なかったため、戦艦、巡洋艦などの脅威にはならなかったものの、無視するのは危険であった。

列強の中ではイギリス海軍、ロシア／ソ連海軍が航空機と艦船を結びつけることに気がつき、大戦中に水上機母艦、のちには航空母艦となる軍艦を実用化している。

イギリスの水上機母艦はドイツの航空基地を、ロシアのそれはトルコ艦隊を攻撃し、決して大きなものではないが、一応の戦果を記録している。

空中戦闘の激化

こうなると英、仏、独の三ヵ国は国家の全力を傾注して飛行機の増産に乗り出す。

当時の航空機の構造は、エンジンを別にすれば鋼管の溶接、布張り、ベニヤ板のネジ止めといったものであるから、いわゆる家内工業、町工場でもなんとかこなすことができる。

この事実が、開戦時には各国合わせて一〇〇〇機程度しかなかった飛行機の大増産を可能としたのであった。

総数については別表に示す。なかでも驚くべきはイギリスで、一九一八年の三月には一ヵ月間に三五〇〇機を製造している。繰り返すが一日に一〇〇機以上完成することになり、これらが次々とヨーロッパ大陸へと送られ、ドイツを圧倒した。

ドイツ戦闘機の変遷

要目など ＼ 機種		フォッカー EⅢ	フォッカー DrⅠ	フォッカー DⅦ
全幅	m	9.52	7.19	8.90
全長	m	7.20	5.77	7.00
重量	kg	400	586	850
翼面積	㎡	18.9	22.1	21.2
エンジン出力	HP	100	140	165
最高速度	km／h	140	165	186
上昇限度	m	1400	2800	3300
航続時間	h	1.5	1.5	1.5
武装	口径mm×梃	7.92×1	7.92×2	7.92×2
生産数	機	400	200	2000以上
就役年	年	1915年6月	1917年8月	1918年4月

フランスはこれほどではないが、一九一七年一二月に二五〇〇機を造っている。すでに緒戦の力を失いつつあったドイツの生産量は、月に一〇〇〇機に遠く及ばず〝神々の黄昏《たそがれ》〟は間近に迫りつつあった。

ただし、航空技術に関してドイツはそれなりの成果を挙げ、なんと四発の大型爆撃機、ツェッペリン・シュターケンRⅥを実戦に投入している。

戦争の勃発の頃には、人間一人を乗せてようやく飛行するといったフライング・マシーンは、わずか四年後には、全幅四二メートル、全長二二メートル、四発、乗員七名、爆弾搭載量二トンという大型兵器に成長したのであった。

その分、空中戦闘もまた激化の一途をたどり、多くの若者が大空を血に染めて散っていった。

その数は、

・イギリス　九五〇〇名
・フランス　八〇〇〇〜九〇〇〇名
・ドイツ　八二〇〇名
・イタリア　一七〇〇名
・オーストリア、ロシア、アメリカなど二〇〇〇名

に達したのである。

四年三ヵ月にわたった大戦争が幕を降ろしたとき、英、仏、米の三ヵ国には合わせて五万人の空中勤務者と二万機の航空機が存在した。

この中の多くの人々が戦いが終わったのちも大空を飛ぶ魅力を忘れず、また余った軍用機がただ同然で大量に彼らに払い下げられた。

これにより一九二〇年代はある意味で、第一期の航空の黄金時代を迎えるのである。

郵便飛行、長距離、記録飛行に加えて航空サーカスといった見せ物が、一般の人々の航空への関心をかき立てたのであった。

第一次大戦はこの面から、軍用だけではなく、民間用の飛行機をも育て上げたと言えるのではある。

6——戦略爆撃

WWIにおける戦略爆撃

第一次世界大戦（一九一四～一八年）は、疑いもなく人類が初めて経験する〝総力戦〟であった。

それまでの最大の戦争は、ナポレオン戦争、アメリカ南北戦争、日露戦争などであったが、第一次大戦と比較すればその規模は決して大きいとは言えなかった。

また〝総力戦〟の意味するところは、前線と後方（本国）との距離がほとんどなくなったということであった。

これは物理的な距離ではなく、戦場から遠く離れた場所であっても、戦火を免れ得ない状況を示している。

この理由は戦争が大型、高性能の航空機を誕生させ、『戦略爆撃』を可能にしたことによっている。

このもっとも典型的な例が、大英帝国の首都ロンドンに対する攻撃であった。当時にあっても五〇〇万人を超す人口を有する世界最大の都市は、それまでの一〇〇〇年の間、戦火にさらされることはなかった。対ナポレオン戦争のさい、大陸へ送られたイギリス軍がいかに激しく戦おうと、そしてまたいかに多くの犠牲者を出そうと、それは遠い場所での出来事であり、ロンドンはなにものにも脅かされずにいたのである。

しかし第一次大戦の中期以降、事態は一八〇度の転換を余儀なくされる。

なぜなら膠着状態の西部戦線の戦況を打開しようと、ドイツが航空機を用いて、この大都市に襲いかかったからである。

ドイツは二種の大型航空機を投入し、史上最初の戦略爆撃を企画、その目標としてロンドンを選ぶ。

・ツェッペリン飛行船

全長二三〇メートル、重量一六〇トン、速力一五〇キロメートル／時、爆弾一五トン

・ゴータ重爆撃機　GⅣ型

全幅二三・七メートル、重量四・二トン、速力一四〇キロメートル／時、爆弾五〇〇キログラム

まずツェッペリン飛行船については、戦前、戦争中を合わせて八八隻が製造され、そのうちの三分の一が海軍の所属としてロンドン空襲に用いられた。

速力も遅く、荒天に弱い飛行船だが、大都市の上空に侵入した銀色に輝く巨体は、それだけでイギリス国民に大いなる恐怖を感じさせたのであった。

このツェッペリンによるロンドンへの攻撃が、史上初の戦略爆撃と言えるだろう。

たしかに五〇回近く実施されたこの攻撃による実質的な戦果は大きなものとは言えなかったが、それでもドイツ国民の士気を鼓舞し、逆にイギリス国民に打撃を与えたことに疑いの余地はない。

しかもツェッペリンの損失原因の大部分はイギリス軍の戦闘機、高射砲によるものではなく、気象の急変、機器の故障によっている。

全長二〇〇メートル以上、直径三五メートルという巨体ではあったが、攻撃はすべて夜間に行なわれたため、迎撃、阻止しようとする側には常に困難がつきまとっていた。

戦略爆撃の嚆矢、第一次大戦時のロンドン空襲に投入されたドイツ軍のツェッペリン飛行船(上)とゴータ重爆撃機。

ツェッペリン飛行船による空襲が一段落すると、次にゴータ、シュターケン、AEGなどといった爆撃機がこれに代わった。

ドイツ軍占領下のフランスの基地から、これら複葉、双発の大型機は、往復一〇〇〇キロの爆撃行をたびたび実施しはじめた。

その爆弾搭載量は初期こそ二五〇キロ程度であったが、のちには一トンまで可能となる。

事実、一九一七年末には一トン爆弾（長さ四メートル、直径〇・六メートル）まで登場している。

大戦勃発時には〝ようやく飛べる〟といった性能であった航空機も、わずか四年の間にここまで進歩した。

ことの善悪は別として、戦争はたしかに科学技術を驚異的な速度で発達させるのである。

イギリスにとって幸いなことは、ツェッペリン飛行船にしろ、ゴータ爆撃機にしろ、その製造には巨額の費用と莫大な労力を要し、いずれもドイツ側は多数を揃えることは出来なかった。

ゴータ、シュターケンといった『戦略爆撃機』の総数は全部合わせても三〇〇機足らずで、これだけではロンドンも、またイギリスの工場群も壊滅させるのは難しかったのである。

それでもなお、第一次大戦のさいのドイツが、戦略爆撃の扉を開いたという事実は変わらない。

対するイギリス、フランスも大幅に遅れて戦略爆撃機ハンドレー・ページ／400、コードロンG4を開発したものの、それらの運用に関してはドイツに対して大きく遅れをとってしまった。

WWⅡにおける戦略爆撃の成功

それから二一年後の一九三九年、第一次世界大戦の延長戦とも言うべき第二次世界大戦が起こる。

この戦争では戦略爆撃が勝敗を決めたと考えてもよいほど、これは有効であった。

○西側連合軍（アメリカ、イギリス）によるドイツ本土への戦略爆撃

戦争の三年目、四年目になるとイギリス、そして後から参戦したアメリカは列強の中でも両国しか持ち得なかった四発の大型爆撃機を大量に揃え、ドイツ本国の都市、工業地帯、燃料施設、交通網を徹底的に攻撃する。

これらの攻撃にはなんの制限も設けられず、非戦闘員、一般市民の死傷の可能性さえ全く考慮されていなかった。

しかも昼間はアメリカ軍、夜間はイギリス軍と、まさに昼夜をわかたず爆撃は行なわれた。時には一夜に一〇〇〇機以上が出撃し、三〇〇〇トンを超す爆弾の雨を降らす。

これにより人口一〇〇万人の都市が二四時間のうちに灰燼に帰すこともあった。

ドイツ本土に投下された爆弾の量は、実に一六六万トンに及び、第三帝国の国力は完全に底をついてしまったのである。

第二次大戦の勝敗は戦略爆撃が決したといわれる。上はドイツ空襲に向かうB17、下は日本空襲に向かうB29爆撃機の編隊。

一方、アメリカ、イギリスの航空部隊も約一万機の大型爆撃機、約一〇万人の搭乗員を失っているが、この大爆撃により最終的な勝利を得た。

○アメリカ軍による日本本土への戦略爆撃

一九四四年秋からアメリカ軍は〝超空の要塞〟と呼ばれたボーイングB29爆撃機を使って、日本本土への空襲にとりかかった。

四五年に入るとこれは本格化し、京都を除く日本の都市の大部分が火と煙の中に消えていく。

なかでも三月一〇～一一日の東京空襲では一〇万人近い人々が焼死している。B29による日本への投弾量は一六～一七万トン、ドイツの場合の一〇分の一だが、これによって大日本帝国も崩壊に至った。

第二次大戦中のふたつの戦略爆撃は、見事なまでの成功を見せた。

それまでも、

・スペイン戦争におけるドイツ軍のゲルニカ、あるいはバスク地方の都市への爆撃
・日中戦争における日本陸海軍航空部隊による中国の重慶などへの爆撃
・第二次大戦初期のドイツ空軍によるロンドンなどへの爆撃

も行なわれているが、先のふたつの戦略爆撃と比較すれば、その規模は数百分の一にすぎなかった。

加えて前述のごとく大戦の主要な参戦国のうち、アメリカ、イギリス以外はいずれも本格的な四発爆撃機を開発、運用できなかったのだから、真の意味の戦略爆撃もこれまた不可能だったという他ない。

つまり戦略爆撃は、そのまま国力を示すバロメーターなのであった。

ベトナム戦争における大戦略爆撃の失敗

一九五〇～五三年の朝鮮戦争のさい、アメリカ空軍はB29を投入して、北朝鮮の都市、工業地帯を徹底的に爆撃した。

その戦果は大きかったものの、もともと北には取り立てて言うほどの工業は存在しなかった。

こうなるといかに大量の爆弾を投下したところで、戦争の行方に重大な影響を与えることはできない。

さらに相手の後方に充分な国力を持つ大国（ここでは中国、旧ソ連）が控えているとなると、戦略爆撃の効果は否応なく削減される。

最終的に引き分けに終わった朝鮮戦争がこの状況を明白に伝えていたにもかかわらず、アメリカは次の戦争でも同じ失敗を繰り返す。

一九六一～七五年にわたるベトナム戦争中、アメリカは一九六三～七二年の間介入し、五万名以上の戦死者を出している。

この間、いくつかの停止期間を含みながら一九六四～七二年の永きにわたり、超大国の空軍、海軍、海兵隊航空部隊は、敵対する北ベトナムに対する爆撃（北爆）を実施した。

このすべてが戦略爆撃ではないが、それでも北爆の激しさは史上空前のものとなる。

対ドイツ爆撃のそれをはるかに上まわる一八〇～二〇〇万トンという投弾量が、この事実を雄弁に語っているのであった。

それでもなお、アメリカ軍は所定の目的を達成できないまま、ベトナムの地を去っていかざるを得なかった。

はっきり言えば、史上最大の戦略爆撃は失敗に終わり、アメリカが全力を傾けて救おうとした国家・南ベトナムは北の軍門に下る。

八基のエンジンを備え、三〇トンを超す爆弾搭載量を誇るボーイングB52爆撃機の大量投入も、高い命中精度を誇るいくつかの誘導兵器も、北ベトナムを崩壊させることはできなかった。

ベトナム戦争で米軍は対独爆撃を上回る量の爆弾を北ベトナムに投下した。写真は北爆を行なうボーイング B52 戦略爆撃機。

この最大の原因をいったい何処に求めるべきなのであろうか。

北爆は北朝鮮への爆撃と本質的によく似ているが、根本のところで大きな相違があった。アメリカ首脳が国際的な世論を気にして、北への爆撃に多くの制限を設けたことである。

たとえば北の飛行場、港湾はもちろん初期には発電所、燃料貯蔵施設への爆撃も禁止されていた。爆撃機をエスコートする戦闘機隊も、敵の一撃を受けるまで相手を攻撃できない有様で、これが爆撃の効果を削減させ、同時にアメリカ軍パイロットの士気を低下させたのである。

また爆撃に加えて早くから港湾に対する機雷封鎖（これも航空機の任務であった）が行なわれていた

なら、戦局は一変していたものと思われる。

結論から言えば、戦略爆撃の実行を決断する時には、たとえ非人道的といわれようともなんら制限をつけ加えないことが必要なのであろう。

戦略爆撃の二律背反性

さて、戦線からずっと後方の都市や工業地帯に大量の爆弾の雨を降らせる戦略爆撃であるが、その成否はどのようなところにあるのだろうか。

見方によっては国家による戦争犯罪すれすれの戦術と言えそうだが、いったん全面戦争ともなれば、いずれの国もこれを採用するのは間違いない。

WWII③	朝鮮戦争	ベトナム戦争	湾岸戦争
1944	1951	1968	1991
1	3	5	100日
アメリカ	アメリカ	アメリカ	アメリカ
日本	北朝鮮	北ベトナム	イラク
B29	B29	B52など	B52など
17万	16万	200万	2万
無	無	有	有
大	大	中	中
大	中	中	中

結果的に実行されなかったのは、道徳的に戦略爆撃を嫌ったのではなく、やりたくとも出来なかったからであろう。

大規模戦争の勝利への鍵が、前線の敵軍への物資の補給の阻止ということであれば、戦略爆撃ほど有効な手段は他にない。

いかに優秀な兵器、人員を揃えていようと、物資が届かなければ軍隊の存在価値は短時間のうちに消滅するのである。

歴史における戦略爆撃の概要

	WW I	スペイン戦争	日中戦争	WWII①	WWII②
開始年　年	1916	1938	1938	1940	1942
延べ期間　年	1	1	1	2	3
攻撃側	ドイツ	内戦	日本	ドイツ	イギリス アメリカ
目　標	イギリス	〃	中国	イギリス	ドイツ
使用航空機	ツェッペリン、ゴータ	ハインケル He111など	96式 陸攻など	ハインケル He111など	ランカスター、B17、B24
投弾量の概算 トン	1000	5000	1000	2万	160万
目標の制限の有無	有	無	無	無	無
威嚇の効果	中	大	中	中	大
実際の効果	小	中	小	中	大

戦略爆撃を成功させるためには、
・制限なしの爆撃を連続的に行なう
・非情なようだが、相手の国民に広義の犠牲を強いることによって、厭戦意識を増長させることが肝要である。

この事実を追っていくと、
成功例＝第二次大戦における連合軍のドイツ、日本への爆撃
失敗例＝ベトナム戦争のさいのアメリカ軍による北ベトナム爆撃（北爆）
中間例＝湾岸戦争におけるイラク国内への多国籍軍による爆撃

といった状況がはっきりしてくる。

もっとも注目すべきは、中間の例であり、アメリカを中心とする多国籍軍がイラク国民への攻撃を差し控えたため、フセイン政権を打倒するという目的を果たすことができなかった。前線のイラク軍に対する補給については、ほぼ完全に絶つこ

とに成功していたにもかかわらず……。

いかなる国民も、戦争の惨禍が自分の身に直接降りかかってこないかぎり、負けを認めようとはしない。

しかし隣人、家族に死傷者が出はじめ、あるいは自宅、職場が被害を受ける事態になると、初めて戦争を止めるべきだと思うのである。

この意味からは、

・戦略爆撃は、都市を破壊し非戦闘員まで殺傷する

・しかし相手側の国民に戦争を終わらせる強制力を発揮する

といった二律背反性を持っていることを、政治家はもちろん、一般の人々も知っておくべきだろう。

このような冷徹な分析こそが、たんなる観念的な〝反戦〟の意識よりも迅速かつ有効に、戦争の阻止に役立つのである。

7——魚雷艇の登場

日本海海戦で魚雷が活躍

暗い海上に数隻の小艇が漂っている。エンジンを止め、まるで闇に潜む刺客のごとく……。敵の艦艇が姿を見せると、それらのボートはエンジンを始動させ、一斉に自分たちより数十倍も大きな目標に向かって突進する。

そして至近距離から何本かの魚雷を叩き込むと、再び漆黒のヴェールを味方につけ、またたく間にその中に消えていく。

あとには魚雷の命中によって紅蓮《ぐれん》の炎を噴き上げ、沈みゆく敵艦だけが残される。

これが小型高速の魚雷艇の戦術である。

魚雷艇の登場は、エンジン付きの船舶がようやく普及しはじめた一九世紀の中頃までさかのぼらなくてはならない。

この当時、速力の大きな小型船の舳先《へさき》から長く棒を突き出し、この先端に爆薬をくりつけた攻撃艇が誕生した。

これは相手の船に体当たりし、大量の爆薬によって損害を与えようと考え出されたものであるが、その効果は高いとは言えなかった。

攻撃に成功しても、自分の側も損害を免れないからである。

水中を突っ走る砲弾とも言うべき魚雷（トーピード Torpedo）は、一九世紀の終わりに実用化されたが、それが実戦で効果を発揮したのは一九〇四～五年の日露戦争からである。

なかでも一九〇五年五月二七、八日の日本海海戦のさいに、日本の駆逐艦、水雷艇部隊はこの新兵器を駆使して、ロシアの戦艦群を叩きに叩いた。

砲弾だけではなかなか沈没には至らない大戦艦でも、舷側に大穴があけられればその最後は呆気ない。

その後一〇年もたたないうちに第一次世界大戦が勃発するが、この戦争では小さなモーターボートと魚雷の組み合わせが恐ろしいほどの威力を見せつけることになる。

このように魚雷を攻撃のための武器として戦う艦艇には、

・駆逐艦　排水量一〇〇〇～二〇〇〇トン
・水雷艇　四〇〇～一〇〇〇トン

があったが、大戦にはこれよりずっと小型の魚雷艇が多数参加した。

その排水量は一五～五〇トン程度だから駆逐艦、水雷艇よりかなり小さく、まさに少々大型のモーターボートと言えるのである。

なお日本の場合、水雷艇、魚雷艇と区別されていたが、諸外国では共にトーピード・ボートと呼ばれる。

しかしこれでは区別がつきにくいため、哨戒（パトロール）、機動（モーター）といったような言葉を頭につけている。

ここで取り上げているのは、いわゆるモーターボート程度の大きさの魚雷艇で、その排水量が一〇〇トンを超えることはない。

第一次大戦における魚雷艇

クラス / 要目など		MAS 12トン A型	MAS 12トン A1型	CMB 40フィート	CMB 55フィート	LM 5級
国名		イタリア	←	イギリス	←	ドイツ
排水量	トン	13	16	5	11	6
全長	m	16	16	14	18	15
速力	kt	23	25	25	34	30
速力（モーター）	kt	4	4	—	—	—
機関出力	HP	400	500	380	1200	480
魚雷	口径cm×本数	45×2	←	45×1	46×1〜2	45×1
機関銃	梃	3	1〜3	2〜4	4	1
爆雷	個	なし	4〜6	なし	4	なし
登場	年	1915	1916	1916	1918	1918
隻数	隻	80	300	40	70	20

伊海軍がその先鞭を

小型、高速のボートに魚雷を搭載し、これを使って敵艦を葬り去ろうというアイディアはイタリア海軍によって生み出された。

同海軍は機動駆潜艇ＭＡＳと名付けた小艇を就役させるが、この寸法、性能を別表に示す。

なお駆潜艇とはその名のとおり、潜水艦を追い払う小艇を指すが、呼び名と任務は少々異なってしまっている。

ＭＡＳの特長としては二種の推進機関を有するこ

とで、

㈠　高速航行のさいのガソリンエンジン

㈡　静粛航行のための電気モーター

を装備していた。

この小艇は敵対するオーストリア／ハンガリー海軍に対してきわめて有効に使用され、なかでも勇敢なコスタンツォ・チアーノ指揮する部隊は、なんと新鋭戦艦シュツェント・イストファンを撃沈するのである。

一九一八年六月一〇日、MAS15はアドリア海奥深く進み、ポーラを母港とするオーストリア／ハンガリー海軍戦艦群を攻撃した。二本の魚雷は見事に命中、排水量二万一七〇〇トン、全長一五二メートル、一一〇〇名の乗組員を乗せた戦艦はこの攻撃に耐えられなかった。S・イストファンは当時にあって最強の軍艦といえたが、排水量一六トンの魚雷艇によって簡単に沈められてしまったのであった。

アドリア海におけるMASの活躍はこれだけにとどまらず、

・旧式戦艦ウイーンを撃沈

・巡洋艦二隻を撃破

といった戦果を挙げている。

さらに加えて三隻のMASが爆薬をもった特殊部隊をポーラ軍港まで運び、三隻目の戦艦フィリブス・ウニーティス二万一七〇〇トンを沈めた。

第一次大戦時のオーストリア・ハンガリー海軍の有力な戦艦はこのＶ・ウニーティス級四隻しかなく、そのうちの二隻がＭＡＳによって失われた事実は、魚雷艇の威力を全世界に知らしめたと言わなくてはならない。

第一次大戦で活躍したイタリア海軍のMAS艇（上）とMAS艇により姉妹艦とともに撃沈された戦艦フィリブス・ウニーティス。

魚雷艇と戦艦の建造費は一対五〇〇をはるかに超え、時には一対一〇〇〇にも達する。ところがこの一〇〇〇分の一という安値な小艇が大戦艦を易々と沈めたのであるから、世界が驚いたのも無理はない。

この状況を知り、イギリス、ドイツ海軍は直ちに魚雷艇の開発と部隊の編成に動くのであった。そして、

ドイツ海軍はLM型
イギリス海軍はCMB型
といったこの種の艇の建造に乗り出す。

魚雷艇の特長とは

それでは、ここで新たな兵器としての地位を確立した、魚雷艇の特長といったものを考えてみよう。

まず強調したいのはその速力で、のちに出現した、

・ドイツのSボート　出力六一五〇馬力　四一ノット
・イギリスのMTB　出力四〇五〇馬力　四〇ノット
・アメリカのPT　出力四一〇〇馬力　四一ノット
・イタリアのMAS　出力三八〇〇馬力　四二ノット

（注：一ノットとは一八五二メートル／時の速力）

ただし船体が小さいので、航洋性能は必ずしも高くない。加えて燃料の消費量が大きく、航続力はすべて五〇〇キロ以下であった。

・主兵装の魚雷は二ないし四本、発射方式は舷側から落下させる
・発射管から圧縮空気で射ち出す
といったふたつのタイプがあった。

魚雷以外の兵装としては、初期こそ小口径の機関銃一、二梃であったが、第二次大戦後半では、
・Sボート　三七ミリ機関砲×一、二〇ミリ×三
・MTB　二〇ミリ×一、一二・七ミリ×三

第二次大戦時の各国海軍の代表的魚雷艇。上からドイツのSボート(S6型S9)、アメリカのPTボート(エルコ77ft型PT20)、イギリスのMTB(ヴォスパー型57号)。

・PT　一二・七ミリ×四～六
としだいに強化されていった。

しかしMASだけは最後まで機関銃一～二梃のみである。

また装甲板はせいぜいブリッジに薄いものが張られているだけで、効果も低い。

魚雷艇の防御力はなんといっても、その高速と素晴らしい運動性にあった。

しかしながら、この小艇の活躍にはいくつかの条件がある。

その第一は地形的に複雑な海域で多くの島々、入り組んだ海岸線などが必要といえる。

したがって、大海原で敵の大艦隊を迎撃するといったような任務には向いておらず、同時に闇、雨、霧などが魚雷艇の味方であり、これらなくしては能力を充分に発揮することはできない。

ひと言でいえば魚雷艇とは、海のゲリラ戦に適した兵器なのである。

このため運用する側には、勇敢さと共に臨機応変の手腕が要求される。

勇敢、果敢といった点では、日本海軍の将兵たちも決して欧米のそれにひけは取らないが、その後に続く柔軟な頭脳といった点では差があったように思える。

なぜなら最初から最後まで日本海軍は魚雷艇に興味を持たず、また配備にも関心を示さなかった。

第二次大戦におけるSボート、MTB、PT、MASの活躍ぶりに驚き、ようやく戦争中期から開発に着手する。

そして末期にはなんとか完成させはしたものの、適当なエンジンが入手できなかったこともあって、低性能な艇しか造り得なかった。

列強海軍のなかで、有力な魚雷艇部隊を持たずに戦ったのは、フランス海軍と日本海軍だけといってよい。

さらに多くの異論のあることを承知で記せば、魚雷艇の運用の鍵のひとつは〝冒険心〟なのである。

一〇〇トン足らずの小艇を操り、暗闇と海象、海域の知識と好運を頼りに敵の大艦に向かって必殺の魚雷を射ち込む。

そこには艇の性能、運用の技術に加えて大いなる冒険心が必須といえた。

またこのことが多くの欧米の若手士官たちを、魚雷艇部隊へと駆り立てたのであった。

その代表的な人物がアメリカ第三五代大統領ジョン・F・ケネディで、彼は予備大尉としてPT109の艇長をつとめていた。

彼とその魚雷艇は、ソロモン海域で日本海軍を相手として奮戦している。

日頃からヨット、モーターボートのレースに熱中していたアメリカ、イギリス、ドイツ、イタリアの若者にとって、魚雷艇こそ自分たちの冒険心を満たす道具であったにちがいない。

魚雷艇からミサイル艇へ

さて時代は移る。

第一次大戦から登場した魚雷艇の活躍は、第二次大戦の前半に頂点を迎える。

すでに紹介したアメリカ、イギリス、ドイツ、イタリアのそれらに加えて、ソ連海軍は数百隻のG5級を配備し、バルト海、黒海で使用した。

そして戦後に至るも、ソ連海軍だけは一九六〇年代まで魚雷艇という兵器にかなりの期待をかけていたようである。

他の国の海軍は早々に魚雷艇に見切りをつけ、その役割を新しいミサイル艇に課している。

たしかに水中を五〇ノット（約九〇キロ／時）で走る魚雷よりも、空中を一〇〇〇キロ／時の速度で飛ぶミサイルの方が、はるかに兵器として優秀である。

日本の海上自衛隊も一〇隻あまりのきわめて高性能の魚雷艇を建造したものの、それらももはや退役を余儀なくされ、一隻も残っていない。

このように魚雷艇も、そして海のゲリラ的な戦術も残念ながら過去のものとなりつつある。

魚雷の射程はせいぜい二〇キロ程度だが、対艦ミサイルはその一〇倍の距離さえ、易々と飛翔するのであった。

たしかにミサイル艇の多くは、魚雷艇の子孫と呼べないこともない。しかし目標、つまり敵艦を目視するかどうかといった点からは全く異なっており、やはり別な兵器と考えるべきであろう。

大体においてミサイル艇が、敵の大艦、たとえばアメリカの正規航空母艦に打撃を与え得るとは思えないのである。

つまり第一次大戦では充分ではなかった航空機の存在が、海戦の様相をすっかり変えてしまい、少々大胆な推測だが小艇の価値が低下していることは疑いの余地がない。
とすると、大物狙いの刺客、魚雷艇はすでに歴史の中に完全に埋没してしまったのであった。

現代の海軍では、魚雷艇は役割を対艦ミサイルを装備したミサイル艇にゆずっている。写真は海上自衛隊のミサイル艇２号。

さて最後に魚雷艇に関する面白いエピソードを紹介しておこう。

第一次世界大戦の頃のアメリカ海軍は、この艇種とは全く無縁でイギリス、ドイツ、イタリアの魚雷艇の行動を指をくわえて見ているだけであった。

しかし、第二次大戦では数百隻のＰＴボート（哨戒魚雷艇）を配備し、太平洋のソロモン海、ニューギニア近海、地中海のアドリア海などで思う存分活躍させる。とくに、日本海軍はこれに対抗する艦艇を持っていなかったこともあり、少なからず打撃を被ってしまった。

ところでアメリカ海軍が短期間にヒギンス、エルコ社製の高性能の魚雷艇を保有できた理由を何処に求めればよいのであろうか。

この点を探っていくと、なんと一九二〇年代の終わりに施行された禁酒法に突きあたる。禁酒法は稀代《きだい》の悪法といわれながらも、取り締まりは厳重に行なわれた。

その一方、酒の需要は山ほどあり、それを満たすべくマフィア、ギャング、犯罪組織は五大湖を使ってカナダからの密輸を考えだした。

使われるのは当然、優れた凌波性を持ち、大出力エンジンを複数装備した高速艇である。これにカナダ産の高級ウイスキー、シャンパンを積み込み、夜間、荒天を利してシカゴをはじめとする大都市に運び込む。

こうなるとアメリカ合衆国税関、連邦警察ＦＢＩも彼らを捕らえるための高速ボートを揃えなくてはならない。

するとギャングたちはより高性能なボートを建造し……。

このイタチごっこのためアメリカの高速艇の建造、運用技術は飛躍的に向上した。

犯罪組織が酒の搬入のために保有したもっとも強力な高速艇は、全長四〇フィート、排水量二〇トンという小さな船体に八五〇馬力の航空用エンジン三基を装備し、平水では実に四二ノットを記録したといわれている。

約七年間続く五大湖の攻防戦が、アメリカ海軍のＰＴボートの育成をうながしたのであった。

もっとも一九八〇年代の北海道でもサイズこそ小さいものの、似たような高速艇が活動している。

北方四島の周辺海域に侵入し、ウニ、蟹といった高価な海の幸を集めてくる非合法の漁船である。

普通の漁船を徹底的に補強し、強力な船外機を三、四基も取りつけ、これまた五〇ノット前後で突っ走る。

海上保安庁の巡視艇、漁協の監視艇の速力は、最高でも三〇ノットであり、捕らえるのは難しい。

地元の人々はこれを〝特攻船〟と呼んでいた。

ただしこちらの方は、日本の高速艇技術の発展に寄与したとは言い難い。

しかしいずれにしろ『必要は発明、発達の母である』という格言には当てはまるのであった。

8——対戦車ミサイルと防御戦術

対戦車ミサイルATMの登場

第一次世界大戦から登場した〝鋼鉄の猛獣〟戦車はその後いちじるしい発展をとげ、陸上戦闘にはなくてはならない兵器となった。

とくに充分な対戦車戦闘の訓練を受けていない歩兵部隊にとって、それらはまさに恐怖の象徴であり、「敵戦車、来襲」の叫び声だけで算を乱して逃亡するような事態さえ起こり得る。

第二次大戦の前半、電撃戦という戦術が実行されると、この傾向は一層強まった。

エンジンの轟音と共に戦車の大群が地を揺るがせて殺到してくると、なにものもこれを阻止するのは難しい。

それは野牛の突進にも似て、歩兵はたとえある程度の対戦車火器を準備したところで、浮き足立つのが常であった。

たしかに戦車の動きをすぐ近くで見ていると、自分がその目標となっていないことがわかっていても、恐怖と身震いを覚える。ともかく現在の戦車は重量が四〇〜五〇トンもある鉄の塊りであって、それが五〇キロ／時以上の速度で接近してくるのである。

しかし、歩兵としてはいつまでも戦車の活躍を見逃しているわけにもいかず、技術者と協力して対戦車兵器の開発に取りかかった。

その結果、第二次大戦の終わりまでに大きく分けてふたつの兵器が実用化される。

㈠　対戦車砲

動きまわる戦車という目標に命中させるため、高初速で砲弾を射ち出す火器。口径はまず三七ミリからはじまり、四七、五七、七五、八八ミリまで拡大していく。

またこの対戦車砲は当然、戦車の主砲（戦車砲）と共通化されていることが多い。

さらに口径七五、八八ミリの高射砲は、砲弾の種類を変えて対戦車砲としても使われる。

対戦車砲は初期こそ三七、四七ミリであったが、すぐに威力不足が明らかとなり、七五ミリが標準とされた。

しかし、大口径、高威力のものはどうしても架台が大きくなってしまい、敵に発見され易い。

また非常にかさばり、高価格である。

㈡　歩兵携行型対戦車火器

歩兵が一人で持ち運び可能な対戦車火器で、

アメリカのM20、40バズーカ砲
イギリスのPIAT
ドイツのパンツァーファウスト

第二次大戦では大きく高価な対戦車砲を補完するため、各種の歩兵携行型対戦車火器が開発された。写真は米軍のバズーカ砲。

などがその代表的なものといえる。

この後、多少威力の大きな九〇ミリ、一〇五ミリ無反動砲などが現われた。

これらの兵器の特徴としては、

○価格が安く大量生産が可能
○持ち運び、運用が簡単
○威力はあまり大きいとは言えず、また射程はきわめて短い
○命中精度も低い

といったところである。

これに対して対戦車砲は威力こそ充分なものの、

○大きく、かつ高価
○携行兵器は価格が安く、取り扱いが簡単。しかし射程、能力とも小さいのであった。

後者は成形炸薬弾（特殊な構造をもった焼夷弾《しょうい》）の採用で威力の増強をはかったが、それでも決してすべての戦車を破壊できるだけの力は持っていない。

そのうえ旧日本陸軍は、このような歩兵携行兵器さえ製造、配備できなかったのである。

結局、理想的には強力な対戦車砲、あるいは戦車そのものを大量に集中し、敵の装甲部隊を阻止する他に方法がないと言い得る。

それでは、だいぶ前から用兵者の間で言われているごとく、戦車をもって戦車にぶつける戦術はどうなのだろうか。

相手より優れた戦車を充分に揃えられれば問題はないが、この兵器は高価であり、しかも指揮官、乗員の訓練に手間がかかる。また敵と同数の戦車では、防衛側の不利は免れない。

やはりこれまで述べたごとく、集団で投入されてくる戦車を喰い止めるのは至難の技なのである。

そこで全く新しい対戦車兵器、

対戦車ミサイル　Anti-Tank Missile　ATM

の登場をみることになる。

ATMの元祖は、

フランスのSS10、11

ソ連のAT3サガー

であり、アメリカ、イギリスをはじめとする他国の開発と配備はかなり遅れてしまった。

かえって日本の陸上自衛隊が開発した六四式対戦車誘導弾の方が、一足先に実用化されているのである。

ＳＳ10、ＡＴ3、六四式が使われはじめたのは、一九六〇年代の中期以降で、アメリカの高性能ＡＴＭであるＴＯＷの出現はもう少し後になる。

ここに掲げた四種のミサイルは、いずれもワイヤーによるコマンド方式により、目標に誘導される。

射手は肉眼、あるいは望遠鏡で敵の戦車、装甲車を見ながら、操縦桿／ジョイスティックを動かし、ミサ

対戦車ミサイルの元祖フランスのSS11（上）とアメリカやイギリスに先んじて実用化された陸上自衛隊の64式対戦車誘導弾。

イルを制御する。

したがってATMは、細く丈夫な電線を曳きながら地表すれすれに突進していくわけである。

対戦車ミサイルの効果

さてそれでは実戦における対戦車ミサイルの効果を調べてみよう。
一九七二年三月、ベトナム戦争の最中、北緯一七度線のすぐ南のクアンチ省で、
北ベトナム軍の戦車部隊　T54／55戦車主力
南　〃　　M41　〃
が激突した。いわゆる旧西側の人々が名付けるところの（北の）イースター攻勢である。
この戦いのさい、北軍は旧ソ連から提供されたAT3を使用している。
木立や建物の陰から発射されたこの小型ミサイルは、南軍の、
M41ウォーカーブルドッグ軽戦車
V100／150コマンドウ装甲車
それぞれ数台を破壊している。
ただAT3サガーの数が少なく、それが戦局に影響を与えるほどではなかった。
もしこれが大量に投入されたならば、南軍の〝勝利〟となったクアンチ省の戦いの結果は大きく変わっていたはずである。

その反面、南ベトナム軍とそれを支援するアメリカ軍はこの新兵器の登場に大きな衝撃を受けた。

AT3はミサイルとしてかなり小さく、その能力も高いとは言えなかった。その一方で命中精度は充分に評価に値するものといわれている。

第一世代の対戦車ミサイル

名称 / 要目など	AT-3 サガー	SS10/11	TOW	64式
国　名	ソ連	フランス	アメリカ	日本
制式名	9 M14	—	BGM71	64MAT
全　長　m	0.90	1.20	1.20	1.0
直　径　m	0.13	0.16	0.15	0.12
翼　幅　m	0.39	0.50	0.34	0.60
発射重量　kg	11	30	19	16
射　程　m	500	3000	3800	1800
速　度　m/秒	115	190	360	85
推進システム　段	1	1	2	1
弾頭重量　kg	2.6	6.0	4.0	不明
制式年度　年	1963	1961	1970	1964

その後もこのソ連製ミサイルはしだいに数を増していき、南ベトナム軍の装甲部隊の脅威となっていった。

しかし、その一方で北ベトナム軍にも大きな弱点があった。

制空権を持たず、また攻撃ヘリコプターもないため、AT3はすべて地上発射するしかなかったのである。

ミサイルのプラットホームの移動といった点から見れば、ヘリコプターとATMの組み合わせこそ、最良の対戦車兵器システムであって、これ以上のものはない。

この事実は翌年から南へ供与されたT

ヘリコプターと対戦車ミサイルの組み合わせは最良の対戦車兵器システムとなる。写真は TOW を発射する攻撃ヘリ AH1。

OWミサイルによって、すぐに実証された。ベトナムに持ち込まれたこのアメリカ製のATMは、ベルAH1ヘリコプターを発射母体として恐ろしいまでの威力を発揮しはじめる。

別表のごとくTOWはサガーよりかなり大型だけに、その能力は大幅に優れていた。

一九七〇年中に八九発がヘリコプターから発射され、そのうちの七八発が目標を破壊、すなわち命中率は実に八三・三パーセントとなる。

この内訳は北ベトナム軍の戦車（T54、PT76など）二六台、装甲車（BTR60など）一三台、トラック一三台を破壊し、他のTOWは敵陣、物資保管所に対して使用されたと伝えられている。

またTOWの登場以前にアメリカ軍は、フランス製のATMであるSS10、11を購入し、ベトナム戦争の前線に投入した。

これはAGM／ATM22と呼ばれ、対戦車戦ではなく、塹壕や敵兵の立て籠る家屋に向けて用いられている。

このような固定目標に対してもＡＴＭは大きな効果を挙げ、もはや歩兵部隊にとってなくてはならない兵器に成長していった。

さらに有線指令方式は射程こそ制限されるものの、敵の妨害を受けにくく、また命中精度は高い。

したがって、現在でもこのタイプのＡＴＭは、各国の陸軍で広く使われている。

その一方で、より大型（全長三メートル、重量一〇〇キロ）、長射程（二〇キロ以上）、慣性誘導、レーザー照準の対戦車ミサイルも出現している。

さらには五インチ砲（口径一二七ミリ）から発射可能のＡＴＭが登場するのも遠くない。

大量の対戦車ミサイルによる戦車防御網

ベトナムにおけるＡＴＭの投入は、その地形からいって個別に行なわれた。

しかし、一九七三年一〇月の第四次中東戦争においては、全く新しい戦術として用いられている。

第三次中東戦争／六日間戦争（一九六七年六月）のさい、アラブ側、とくにエジプト軍はイスラエル軍の戦車部隊によって散々に苦杯をなめさせられた。

晴天の続く砂漠の戦場では、戦車は持てるすべての能力を発揮できる。

言いかえれば、搭乗員は思う存分、日頃の訓練の成果を出せるのである。

こうなるとイスラエル、エジプト軍の戦車クルーの技量の差は明らかで、後者は壊滅的な損害を受けてしまった。シナイ半島の要衝ミトラ峠の周辺は、撃破されたエジプト軍のソ連製戦車の残骸で埋め尽くされるほどであった。

戦車自体の性能ならびに投入された数には大差はなかったものの、戦闘の結果はまさにイスラエル側の圧勝で、また間もなくミトラ峠周辺だけではなく、シナイ半島全体がイスラエルの占領するところとなってしまった。

戦車戦に関するかぎり、いくら努力してもイ軍に太刀打ちできない。

これがエジプト陸軍上層部の結論であった。

それから七年後、第四次中東戦争がエジプト軍の攻撃で開始される。

スエズ運河を渡ってきたエ軍に対し、イスラエル側はただちに戦車部隊を動員して反撃に出た。

もちろん指揮官、戦車兵たちは自信満々であり、これまでの戦いと同様に簡単にエジプト軍を追い帰せると信じ切っていたようである。

ところが、進攻してきたアラブの雄たるエジプト軍は、ここでは全く新しい戦術を見せつけた。

イ軍戦車部隊に自軍の戦車部隊を差し向けるようなことはせず、大量の対戦車ミサイルを使って阻止行動に出る。

ベトナムの場合と同じAT3サガー・ミサイルを数百発準備し、それを砂丘の陰から絶え間なく発射する。

これによる戦果は特筆すべきものであり、開戦初日に数十台のイスラエル戦車が撃破されてしまった。

そしてまた三日目にも、同じ戦術が繰り返され、戦車の運用に絶対の自信を持っていたイスラエル軍を震え上がらせることになる。

エジプト軍は対戦車ミサイルの大量投入でイスラエル軍の戦車部隊を撃破した。写真はエジプト軍装甲車に装備されたAT3。

続出する戦車、装甲車の損害にイ軍首脳は慌てふためき、アメリカは大型輸送機を使ってM48、M60戦車を本国から空輸したほどであった。

戦車、対戦車砲、歩兵携行兵器に頼らず、歩兵がATMだけを使って、敵の戦車部隊の粉砕に成功した最初の例がこの第四次中東戦争ということができよう。

この戦争は一八日間続き、結果的には引き分けに終わる。

しかし、これによりイスラエルはこれまでの戦争とちがい、もはやエジプト軍を崩壊させるのは無理と判断したのであった。

そして対戦車ミサイルの大量投入という新戦術は、間違いなくそれまでの中東の情勢を変化させ、ひいてはキャンプ・デービッド合意を経て平和をこの地にもたらした。

ひとつの戦術がこれほど明確な効果を現わしたのはごく稀なことであり、その意味から第四次中東戦争におけるシナイ半島をめぐる戦いは歴史に残ったのである。

また、この戦いの教訓は広く先進国の戦車部隊に知れ渡り、いくつかの対策が生まれている。

○戦車の防御力の向上

スペースド・アーマー、セラミックの装甲板の採用

○戦車部隊の空中援護

偵察、武装ヘリコプターによる前衛《バンガード》システムなど

これらの研究は第四次中東戦争のあと、すぐに本格化していった。

そして一九九一年の湾岸戦争では、エジプト軍と同じ戦術によって多国籍軍に打撃を与えようとしたイラク軍の計画は水泡に帰している。

ここから学ぶべきものは、

『世の中の進歩により、新戦術の成功は唯一回のみ』

ということであろうか。

9――航空機を使った侵攻作戦

燃えたつ闘志と共に

幾多の失敗にも懲りず、韓国への侵入を繰り返す北朝鮮のゲリラ部隊のごとく、古来から敵地へ一定の戦力を送り込むことはまさに至難の技といえた。

たんなる工作員、スパイ、諜報員ならば潜入させるのはそれほど難しくなさそうだが、〝一定の戦力〟となると、いずれの方法をとるにしても決して簡単ではない。

この場合の戦力とは、少なくとも兵士十数人の規模を指している。

これだけの数の、充分に戦闘訓練を受けた兵士であれば、かなりの戦果が期待できるのである。

第二次大戦中にドイツ、イタリア軍相手に活躍したイギリス軍特殊部隊の指揮官によると、もっとも有効な数としては一〇～二〇名とのことである。

これ以下だと打撃力が不足し、これ以上の数だと敵に発見され易くなるのであろう。

実際にイギリス軍はSAS（空軍特殊部隊）、SBS（海軍特殊部隊）として、一チームを一四〜一六名編成としている。

それではここで、航空機を用いて敵の拠点に強引に侵入するふたつの方法と戦術を、実例をもって示すことにしたい。

もちろん、このすべてが〝新戦術〟であり、同時に作戦の立案者が期待したとおりの戦果を挙げているのである。

参加者もまた特別の訓練を受け、さらに果たすべき任務が重要なものであることを前もって充分に知らされていた。現在の我々のように、平和そのものの生活を送っているとなかなか理解しにくいが、彼らのいずれもが燃え立つ闘志と共に、この作戦に参加したのである。

さらに冷静に判断した結果、戦果と犠牲のバランスシートがプラスと考えられるのであった。

軍用グライダーによる侵攻

すでに世界の軍隊から完全に姿を消してしまった兵器に、軍用の大型グライダーがある。

航空ショーでたびたび目にする優美なスポーツ・グライダーとは全く別の、まさに軍用のみに用いられる滑空機は、第二次大戦の花形兵器のひとつであった。

これを大量に使用したのは、ドイツ、イギリス、アメリカであって、日本も保有したものの結局実戦に投入することはなかった。

それではまずこの軍用グライダーがどのようなものだったのか、といった点から見ていくことにしよう。

別表に、主要な三種を示すが、ここに掲げたのはすべて〝侵攻用〟であり、純粋な輸送用、たとえばイギリスのハミルカー、ドイツのMe321ギガントなどとは一線を画している。

つまり一〇名前後の兵員を載せ、敵の戦線後方に彼らを送り込むために存在しているのであった。

当然のことながら、これらのグライダーは中・大型の多発機によって曳航される。

いってみれば時々町の中でも見られる、トレーラートラックと同じである。

それも数こそ多くないが、ごく普通のトラックの後にもう一台の貨物車が繋がれているフルトレーラー・タイプを考えればよい。

○ドイツのDFS230

曳航機はユンカースJu52輸送機

○アメリカのウェイコCG4

曳航機はダグラスC47ダコタ輸送機

○イギリスのホルサ・I／II

曳航機はヴィッカース・ウェリントン爆撃機

主な侵攻用グライダー

機種名＼要目など	DFS 230	ウェイコ CG 4	エアスピード ホルサ I
国　名	ドイツ	アメリカ	イギリス
乗　員　名	1	1	2
兵　員　名	9	14	15
全　幅　m	20.8	25.5	26.7
全　長　m	11.7	14.7	20.0
自　重　kg	820	1680	3800
総重量　kg	2080	3400	7000
生産数　機	700	13000	2900

であり、三〇〇メートル前後のワイヤーを介して時速二二〇～二五〇キロで曳かれていく。

いったん切り放してしまえば、再び結合できず、したがって取り扱いは慎重でなければならない。

その一方で、本来の輸送機プラス三〇～五〇パーセント増の量を一度に運ぶことが可能となる。

また落下傘を使った空挺降下（エアボーン）戦術と比較して、多くの利点もある。
○兵員が着地のさい分散しないこと
○ジープ、七五ミリ砲などの中型の兵器の搭載、降下が可能であること
○降下地点をある程度正確に絞れること
これにより、軍用グライダーは使い捨ての兵器でありながら大いに活躍したのである。

なかでもアメリカはCG4をなんと一万三〇〇〇機も造っている。

繰り返すが一万三〇〇〇機！　まさに呆れ果てる量というしかない。

しかし、この種のグライダーを初めて実戦に投入したのはドイツ軍であった。

一九四〇年五月一〇日、Ju52に曳航された七機のDFS230は、まだ夜の明けないうちにベルギーのエベン・エメール要塞の中庭に着陸した。

グライダーはエンジン付の航空機と違って、わずかな風切り音以外はほとんど騒音を発しない。

この点が、ヘリコプター空挺（ヘリボーン）と大きく異なるのである。

第二次大戦時に各国が使用した侵攻用グライダー。上からドイツが初めて実戦に投入した DFS230、アメリカが大量生産したウェイコ CG4、イギリスが大陸反攻作戦に使ったエアスピード AS51 ホルサⅠ。

ベルギー兵たちが異音に気付いたときには、七〇名のドイツ兵が要塞の重要な個所をすべておさえてしまっていた。

史上初のグライダーを用いた作戦は、なんとも見事な成功をおさめた。

ドイツでは第一次大戦後、青少年の間でスポーツ用グライダーが盛んになり、操縦者の数としては間違いなく世界一であった。

このこともあって同軍の侵攻グライダー部隊は北アフリカ、クレタ島攻略などでたびたび使われた。

また、DFSグライダーにも多くの改造がなされ、さらに新装備も加えられている。

そのほとんどは、着陸のさいの滑走距離を短縮させるための工夫で、抵抗傘（ドラッグ・シュート）、逆推進ロケットなどであった。

これにより接地後、わずか五、六〇メートルで停止できたのである。

ただしグライダー空挺の規模としては、前述のごとくアメリカ、イギリス軍が圧倒的で、

○一九四四年六月のオーバーロード作戦

フランスのノルマンディ地区への上陸

○同年九月のマーケット・ガーデン作戦

オランダへの大規模侵攻

のさいには、それぞれ二〇〇〇機以上のグライダーが参加、一万人をはるかに上まわる兵員を送り込んだ。

さて最後に、なぜ第二次大戦後に至ると、この兵器とそれを使った戦術が急速に消えてしまったのか、考えてみよう。

これはきわめて明確であって、

着陸したグライダーから装備を降ろすイギリス軍空挺部隊の隊員。2000機を超えるグライダーが投入される作戦も実施された。

㈠　輸送機の飛行速度が大きくなった

㈡　ロッキードＣ130に代表される侵攻輸送機が登場した

㈢　ヘリコプターが実用化された

といった理由による。

もはや軍用グライダーを保有している国は皆無で、この実機はいくつかの博物館、

アメリカ　第八二空挺師団博物館

イギリス　陸軍空挺部隊博物館

などで見られるだけである。

また軍用グライダーは、第二次世界大戦中、それも一九四〇～四四年の五年間のみ使われた兵器であって、軍事史、技術史の上からこのような例はきわめて珍しい。

同時にこれらを実用化し、実戦に投入したドイツ、

アメリカ、イギリスの国力と技術的先見性には頭が下がる思いがするのであった。

ところが形こそ全くちがうが、一〇年ほど前に、再びグライダーを用いて敵地へ侵入するという戦術が成功している。

中東のレバノンからアラブ・ゲリラの一団が、モーター付のハンググライダーを利用してイスラエル軍の駐屯地を攻撃した。

兵士の数は四～六名と少ないものの、目的地の上空でエンジンを止めたため、全く無音で侵入することに成功、イ軍に人的損害を強要したのであった。

もっともこれは同じグライダーとは言いながら、布地を翼にしたいわゆるフレックス・ウィングタイプで、一人乗り、エンジン出力三六馬力であるから、大戦中の機体とは比較にならない。

その一方で、グライダーによる侵入、侵攻という点からは同様なのである。

もはや大量の軍用滑空機が復活することはあり得ないが、モーターハンググライダーの出番は皆無ではなさそうと記しておく。

輸送機による敵地侵攻

第二次大戦中、連合軍、枢軸軍とも壮烈ともいうべき大胆な作戦をいくつか実施している。

それらは形こそ違え、ある意味では永く歴史に残るものとなった。

その中でも、もっとも悲愴、かつ勇猛な作戦をひとつだけ挙げるとなると、著者は、昭和

出撃を前に熊本・健軍飛行場で各自の郷里に向かい拝礼する義烈空挺隊員（上）と読谷飛行場に着陸した同隊の97重爆546号機。

二〇年（一九四五年）五月二四日に沖縄のアメリカ軍基地に対して実施された、『〝義烈〟空挺隊による侵攻』を推したい。同時にこれは、複数の輸送機をそのままグライダー代わりに用い、敵の大基地の真っ只中に着陸を強行するという、新戦術でもあった。

太平洋戦争末期の昭和二〇年四月、アメリカ軍は大兵力をもって沖縄に来攻する。

これに対し日本の陸海軍は全力を挙げて反撃し、多数の特別攻撃隊を繰り出す。

また海上からは

戦艦大和を中心とする艦隊を送り込んだ。

このような状況の中で、日本陸軍はこれまでとは全く別な手段で、上陸したアメリカ軍、特に航空部隊に打撃を与えようと計画する。

少々旧式化していた九七式重爆撃機一二機にそれぞれ一〇名の兵士を乗せ、すでにアメリカ軍が占領していた飛行場に突入させようとしたのである。

この〝突入〟とは、敵の基地への強行着陸であった。しかも接地から停止までの時間を短縮する意味で、車輪を出さない胴体着陸とする。

隊員の総数は指揮官、操縦者、兵員を合わせて一五二名であり、彼らが一二機に分乗した。

決行日は五月二四日、すでに上陸から二ヵ月近くがたち、アメリカ軍は沖縄本島の大部分を占領していた。

もちろん多くの基地が整備され、日本本土への空襲の拠点になりつつあった。

その中心は、
沖縄北飛行場（現在の読谷《よみたん》飛行場）

沖縄中飛行場（同　嘉手納《かでな》基地）

であり、この両者が目標となる。

この日の夜一〇時、作戦支援機から投下された照明弾のもと、ふたつの基地へ接近する。猛烈な対空砲火、多数の夜間戦闘機の迎撃をかわしながら、義烈空挺隊の突入が開始された。

着陸に成功、停止した爆撃機から飛びだした兵士たちは、アメリカ兵と銃撃戦を繰り返し、次々と近くの航空機を爆破していった。

彼らは四ヵ月にわたりこの日のために訓練を重ねたある種の特殊部隊であった。

そして翌日の朝までに全員が戦死したが、挙げた戦果は大きかった。

アメリカ軍機三四機が損傷を受け、その大部分は使用不能、廃棄となった。さらに航空燃料数千トンが炎上、基地は長時間にわたり閉鎖せざるを得なかったのである。

翌日の偵察でこの事実を知った日本陸軍は、同様の作戦をより大規模に立案、八月中旬に実施しようと考える。

これは機数、兵員を二倍とし、静岡県の浜松からサイパン島のボーイングB29基地を強襲するものであったが、その前日、日本は降伏に至る。

さて、数千人の敵兵のいる基地にわずか百数十人で突入した義烈空挺隊の行動は、その名のごとく壮烈というしかない。

しかもパラシュートで降下するのではなく、大型の爆撃機で最初から胴体着陸を狙っている。

一見、無謀なように見えるが、この戦術はきわめて合理的であった。

アメリカ側が戦闘終了後に撮影した写真によると、胴体着陸した機体、九七重爆の五四六号機はプロペラが曲がっている以外に大きな損傷は見当たらない。

これなら着陸後、戦闘に従事する兵士たちも、負傷することなく敵地へ降り立つことが出来たはずである。

もちろん、その後の戦いでは全員戦死という悲愴な結末を迎えてはいるが……。

またアメリカ側の損害、なかでも死傷者に関しては不明のままなのであった。

しかしいずれにしても、複数の爆撃機を敵の大基地に強行着陸させるというこの作戦と戦術は、もっとも壮烈なものとして歴史に残った。

この点からは、戦艦大和とその艦隊の沖縄突入と並び立つ、日本陸軍最後の華々しい戦いだったと言えるのである。

注・義烈空挺隊の最終結果
離陸一二機中、航法ミス、故障などで四機が引き返すか不時着。目標に向かったと見られる残りの機も夜間戦闘機、対空砲火によって阻止され、一機が読谷飛行場に着陸したのみであった。

10――有線誘導兵器の登場

ゴリアテから潜水艦魚雷まで

自分が安全な場所にいながら敵を攻撃できたとしたら、これは間違いなく理想的な戦いとなる。

世界各国の軍人や技術者たちは、古来これについて頭脳を振り絞ってきた。

そのひとつが遠隔操作可能な兵器の開発であり、現在では多くの誘導ミサイルがこれに当たる。

そのほとんどが各種の電波を用いているが、必ずしもそうでないものもわずかながら存在する。

ここでは特殊な誘導方式である、

『有線誘導あるいは制御、つまりWire Guidedシステム』

を取り上げたい。

これはその名のとおり、長いワイヤー（電線）を介して兵器をコントロールする方式である。

このWGシステムの利点はなんといっても、制御が確実に出来ることであって、この点に関しては無線誘導をはるかに上まわる。

もちろん、現代では携帯電話に見られるごとく周波数の細かい分離が可能になったが、十数年前まではWGに優る方式はなかった。

なお有線と無線操作の長所、短所では、子供の玩具についても同じ傾向がある。

○小学校の低学年の児童が扱うワイヤー／コード付の自動車のおもちゃ。線の内部はスプリングで、これによって作動量をコントロルする。動きは鈍いが故障はほとんどない。

○中学生向けの初歩的なラジオコントロールのおもちゃ。業界ではトイ・ラジ（おもちゃ用のラジコン）と呼ばれている。

前者と比較すると、こまかい動きができるが大幅に壊れ易い。

ここに有線誘導、無線誘導の原点が見られるのであった。

このところをまず頭に入れておいてから、さっそく兵器を見ていくことにしたい。

ドイツ陸軍のゴリアテ

第二次大戦中のナチス・ドイツほど多種多様の兵器を誕生させた国家は珍しい。

なにしろ史上唯一、高性能の有人ロケット戦闘機まで実戦に投入し、戦果まで挙げているのだから……。

それらのあるものはV1、V2号ミサイルのごときわめて優秀であって、連合軍を心底から震え上がらせている。

しかしその一方で、これが本当に役に立つのか、と疑問を抱くほどの〝珍兵器〟もいくつか開発した。

そのひとつが、ここに示す有線制御の自走爆薬とも呼ぶべき、

ゴリアテ　Goliath

兵器番号　Gerät 671

である。ゴリアテとは旧約聖書に出てくるペリシテ国の巨人戦士である。しかし賢いダビデの投石により、簡単に死んでしまう。

つまり巨大さを抽象的に表わしているのだが、実際には小さなものを呼んでいる。アメリカ軍において、身体の大きい兵士をリトル・ジョーと呼んだのと全く同じニュアンスである。

このゴリアテは、

ソ連戦車に向かう有線誘導戦車ゴリアテ。戦場での使用には問題が多かったと思われる。

全長一・五～一・六メートル、重量四〇〇キロの、我国の軽自動車をひとまわり小さくしたような超小型戦車である。

全体のスタイルとしては、第一次世界大戦に登場した戦車と同じく〝菱形〟をしている。

もちろん無人で内部に五〇～八〇キログラムの爆薬を搭載、電動モーター、あるいは小型のガソリン・エンジンによって時速五キロで進んでいく。

一部に無線操縦のタイプもあったが、大部分は細いワイヤーを引っ張りながら目標に向かう。物陰に隠れた兵士は、このガイド・ワイヤーを使って、ゴリアテを誘導する。

まさに地表をゴトゴトと人の歩くほどの速度で進む、なんとも不思議な兵器であった。

それではこの小型戦車は、どのような任務に使われたのであろうか。

それらは敵の機関銃陣地への攻撃、トーチカの破壊、地雷原の爆破などが考えられる。

なにしろ爆薬の量としては二五〇キロ爆弾に相当するから、威力はきわめて大きい。

むろん、敵陣にうまく接近できれば、の話であって、その途中に障害物があれば進めず、また敵弾が命中すれば大爆発を起こす。

さらに少し考えれば、キャタピラに頼るとしても、不整地を突破することがいかに難しいかわかろう。

しかも引っ張っているワイヤーがなにかにひっかかってしまえば、すぐに制御不可能となってしまうのである。

ゴリアテが操縦者の思いどおりに敵陣まで辿りついた例は、きわめて少なかったに違いない。

それでもなおドイツ陸軍は、

電動モーター駆動型Ｓｄｋｆｚ302

ガソリン・エンジン駆動型Ｓｄｋｆｚ303

という車両の制式番号を与えていた。

このゴリアテは価格も安かったため、かなりの数（数百台か？）が製造され、ソ連軍、アメリカ軍、イギリス軍に対し使われている。

そしてそのひとつは思いも寄らぬ形で、大きな損害をアメリカ軍に与えた。

一九四四年の六月、ノルマンディに上陸したアメリカ軍歩兵部隊が、戦場に放置された一台のゴリアテを見つけ、一人の兵士が面白半分にその中に手榴弾を投げ込んだ。

その結果はとてつもない悲劇となった。

内部の八〇キロの爆薬が爆発し、周辺で見物していた大勢のアメリカ兵をなぎ倒したのである。

死傷者は一〇〇名をはるかに超え、その大部分は即死であったと伝えられている。

ここでは、聖書の中の巨人が、その持てる力をすべて発揮したのであった。

この、他に類を見ない有線誘導兵器は、現在ヨーロッパの多くの博物館で目にすることができる。

有線誘導の対戦車ミサイル

第二次大戦でかろうじて戦勝国となったフランスだが、この国はその後、独自色の強い兵器の輸出に力を入れている。

この代表的なものが、鋭いデルタ／三角翼が特長のミラージュ系のジェット戦闘機であろう。

また小型、軽量ながら七五ミリ砲を装備したAMX13戦車なども有名である。

さらにフランス陸軍は、史上初の新兵器を開発し、優れた軍事技術を世界に見せつけた。これが、

有線誘導対戦車ミサイルSS10

である。このSS10の配備は一九五七年であり、ソ連のAT1スナッパー（制式名は3M6）より一年早い。

そして実戦へのデビューは、なんとアルジェリア紛争（一九五四年一一月～六二年七月）であるから、第二次大戦後一〇年とたっていなかった。

この紛争とは、地中海の対岸にある植民地アルジェリアが、宗主国フランスからの独立を目指したもので、

アルジェリア解放軍（民族解放戦線NLF）

フランス植民地軍

の間で、まさに血で血を洗う戦闘が続いた。

NLFはゲリラ戦主体であって、戦車、装甲車を全く持っていなかった。したがって世界初の対戦車ミサイル（ATM）SS10も、もっぱらフランス軍によってゲリラの拠点攻撃に用いられたのである。

このSS10の要目と性能は、

全長一・二メートル、重量三〇キログラム、射程一二〇〇メートル

速度六八〇キロ／時、弾頭重量六キロであった。

誘導方式はワイヤーと小さなハンドル（ジョイスティック）の組み合わせである。

発射母体は地上のコンテナあるいはジープと言われている。

前述のごとく、本来対戦車ミサイルとして開発されていたが、建物や堅固な陣地に立てこもる敵に対してもきわめて有効であった。

その証拠に、なんとアメリカ軍もこのSS10、およびその発展型のSS11を購入し、AGM／ATM22

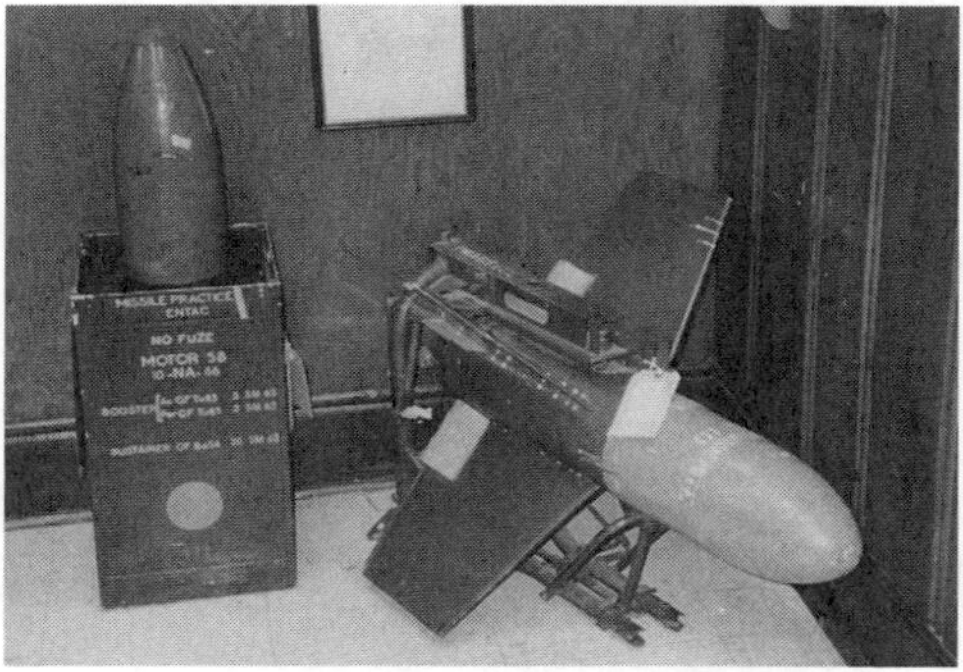

フランスが世界に先駆けて実用化した有線誘導対戦車ミサイルSS10。アメリカ軍も購入、ベトナム戦争で使用した。

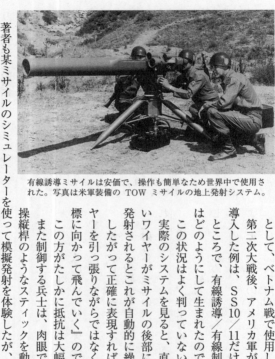

有線誘導ミサイルは安価で、操作も簡単なため世界中で使用された。写真は米軍装備の TOW ミサイルの地上発射システム。

として、ベトナム戦で使用している。

第二次大戦後、アメリカ軍がフランス製の兵器を導入した例は、SS10／11だけと思われる。

ところで、有線誘導／有線制御というアイディアはどのようにして生まれたのであろうか。

この状況はよく判っていない。

実際のシステムを見ると、直径一ミリにも満たないワイヤーがミサイルの後部にまとめて格納され、発射されるとこれが自動的に繰り出される。

したがって正確に表現すれば、ミサイルは『ワイヤーを引っ張りながらではなく、繰り出しながら目標に向かって飛んでいく』のである。

この方がたしかに抵抗は大幅に減る。

また制御する兵士は、肉眼でミサイルを見ながら、操縦桿のようなスティックを動かし目標に向ける。

著者も某ミサイルのシミュレーターを使って模擬発射を体験したが、距離一〇〇〇メートル前後、目標が民家、戦車ほどの大きさであれば五、六回のトレーニングで命中させることができるようになった。

ＴＯＷの地上発射システム

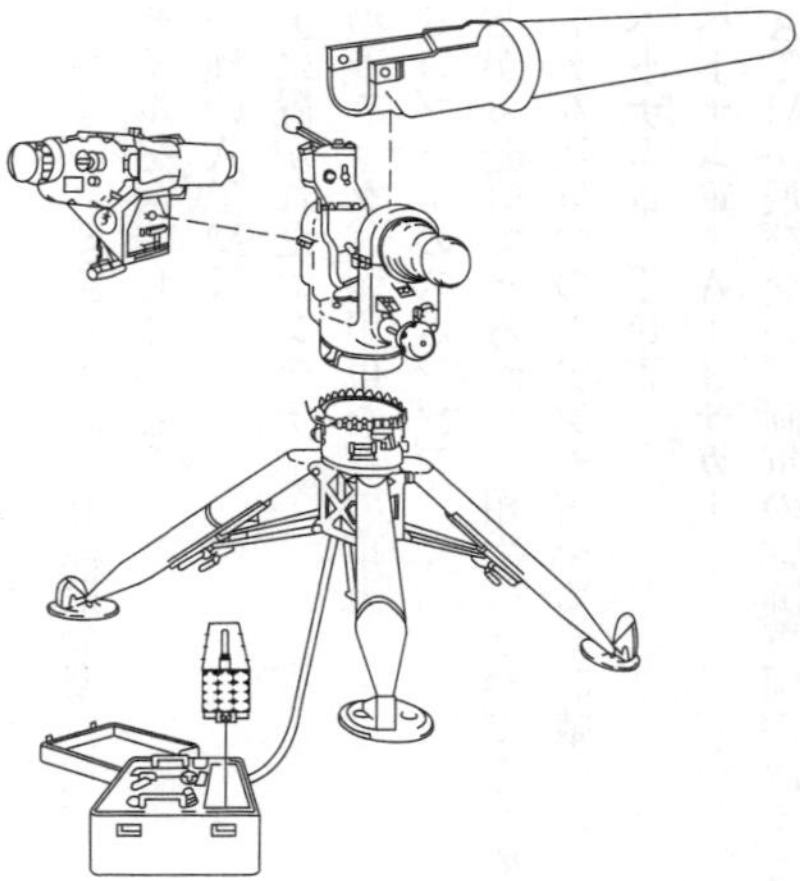

もっとも実戦において銃弾が飛び交う場面では、精神的な緊張もあって難しいだろうが……。

その一方で日頃からパソコンのゲームなどでジョイスティックを使い慣れていれば、たとえ子供でも容易に扱えるはずである。

ともかく有線誘導となれば、操作が簡単、価格も安く、かつ敵の妨害も受けにくい。

そのためワイヤー・ガイド式ミサイルは一挙に広まっていき、

旧ソ連　ＡＴ１、２、３
アメリカ　ＴＯＷ
イギリス　ヴィジラント／スイングファイア

などが次々と誕生することになった。

なかでも前記のＢＧＭ71・ＴＯＷは、これまでなんと六〇万発以上が製造されている。

なおＴＯＷとは、

Ｔ　Tube launched　筒の中から発射され
Ｏ　Optically tracked　光学追跡式

の

W　Wire commandlink　有線指令型

ミサイルを意味している。

この種のATMは、

地上に置かれたコンテナ

小型トラック、装甲車などの車上

ヘリコプターのスポンソン

などから発射できるから、相手にとってきわめて大きな脅威となる。

ベトナム戦争中のクアンチ省をめぐる戦い（一九七二年春）では、

南ベトナム軍　TOW

北ベトナム軍　AT3サガー

のATMが飛び交い、両軍の戦闘車両が次々と破壊されていった。

ヘリコプターや建物の陰から発射されるATMに対して、戦車はほとんど反撃不可能なのである。

この傾向はますます顕著になり、WGミサイルは地上戦になくてはならない兵器に成長する。

一九七三年秋の第四次中東戦争

一九八三年初夏のレバノン紛争

一九九一年春の湾岸戦争のいずれにおいても数百発が使われ、機甲部隊の存在価値を大幅に削減するのであった。これらのほとんどすべてがワイヤー誘導の小型対戦車ミサイルである。

したがって戦闘が終わったあとには、人間の髪の毛ほどの太さのワイヤーが長々と幾筋も残されていることになる。

これらはいずれもケブラー（人工繊維）で軽く、強度はきわめて大きい。この繊維が防弾チョッキにも採用されていることからも、誘導用ワイヤーとしては最適なのであった。

潜水艦から発射される魚雷も有線誘導（音響ホーミング併用）を採用している。写真は米原潜オハイオ搭載の長魚雷マーク48。

潜水艦から発射される魚雷

ところでもうひとつ、思わぬ兵器が有線誘導であることをご存知だろうか。

それは潜水艦から発射される現用の魚雷で、これは、

○発射されたあとしばらくはＷＧ

○その後自らワイヤーを切り捨て、主として敵艦の

スクリュー音を拾って追跡
といった二段階方式を採用している。
アメリカ海軍のＭｋ45、Ｍｋ48
ロシア海軍のＥＴ80、ＴＥＳＴ71
海上自衛隊の八〇式、八九式
などは、発射されてから二キロほどワイヤーで誘導されながら敵の潜水艦、水上艦に向かい、それからパッシブ、アクティブソナーによって命中する。

ＷＧ方式を採用した理由としては、やはり初期信頼性（言い換えれば自艦の安全性）を重要視しているということなのである。

また掃海に使用される機雷処分具にも有線誘導のものが多い。

さて最後になってしまったが、この方式のミサイルの短所について記しておこう。

ワイヤーでミサイル本体と指令システムが繋がれているため、どうしても射程に制限がある。

距離としては二〜三〇〇〇メートルが限度であって、これ以上は無理と思われる。

そのため最新式のＡＴＭは、
○光ファイバーＴＶ・イメージング赤外線
○セミアクティブ・レーザー

○ラジオリンク・ハイブリッドミリ波
○慣性オートパイロット
などによって誘導される方式に変わってきている。

まだまだ有線誘導のミサイルがなくなるとも思えないが、あと一〇年もすると完全に姿を消してしまう可能性も大きい。

軍事技術の進歩はそれほどいちじるしく、

『かつて有線誘導のミサイルという兵器が存在した』

と軍事関連の書物に書かれる時代もそう遠くないのである。

11——潜水艦を使った侵攻作戦

大いなる成功と完全な失敗

第一次世界大戦（一九一四〜一八年）から登場した新兵器・潜水艦は、すべての国の海軍軍人が予想もしなかったほどの活躍を見せる。

この代表的な例は、開戦直後とも言える一九一四年九月五日、ドイツ潜水艦Ｕ９によるイギリスの装甲巡洋艦三隻の撃沈であった。

わずか五〇〇トンに満たない生まれたばかりの潜水艦一隻が、一万トンをはるかに超える巡洋艦三隻をたった一日のうちに沈めてしまったのであるから、この状況は全世界に衝撃を与えたと言ってよい。

しかもこの後も、潜水艦の行動はとどまるところを知らず、戦争の中頃までには海軍戦力の中核的な地位を手に入れたのである。

それから間もなく、この兵器は全く別の用途に使われることになる。それこそ、もともと有している隠密性を利用した工作員の敵地への送り込みであった。暗闇にまぎれて敵国の海岸に接近し浮上、その後ゴムボートなどを使って、必要な人員を上陸させる。

用兵者たち、なかでも情報部、諜報部などに勤務する人々は、潜水艦の登場と同時にこの手法を思いついたに違いない。

しかしここで取り上げるのは、この潜入作戦とは少々異なった新戦術なのである。

その最大の相違は、送り込むのが一人あるいは数人といった工作員ではなく、ある程度の戦力（少なくとも数十人）で、出来れば敵の拠点を襲い、一定の戦果を期待している点にある。

もっとも実行された例はこれまでに二例のみ、そしてその結果は大いなる成功と完全な失敗であった。

それではさっそく、潜水艦を利用した陸上の拠点襲撃作戦を見ていくことにしよう。

成功例　アメリカ海兵隊によるマキン島攻撃作戦

一九四二年（昭和一七年）八月一七日、海兵隊の特殊部隊を乗せた二隻の大型潜水艦が、ギルバート諸島のマキン島に接近し、合わせて二二一名の兵士をゴムボートにより上陸させた。

のちに再び激戦の地となるマキン島だが、当時は一〇〇名足らずの日本軍が駐留しているだけであった。

したがってそれほど重要な拠点とは思えないが、この作戦の背景には大きな思惑が隠されていたのである。

ちょうど一〇日前にアメリカ軍は対日反攻の第一歩として、ソロモン諸島のガダルカナル島を占領、これを南太平洋における足がかりにしたいと考えていた。

もちろん、日本軍は全力を挙げて攻撃してくるはずであるから、それをかわすためにも他にもう一ヵ所に陽動作戦を行なう必要が当然生ずる。

そして選ばれたのがマキン島に対する攻撃であった。

これを実施するため、アメリカ海軍と海兵隊は数ヵ月前から周到な準備を行なった。

同島の日本軍の兵力は約一〇〇名と推測していたが、これはきわめて正確と言えた。実数は兵曹長を指揮官とする九二名であったからである。

とすると襲撃する側の兵員数は、少なくとも二〇〇名いなくてはならない。

一隻の潜水艦でこの人数を運ぶのはとうてい不可能であり、少なくとも三隻が必要と考えられた。

しかし敵に発見される確率から言えば、できるかぎり少ない方がいい。

このためアメリカ海軍の保有する〝超大型潜水艦〟の二隻を改造し、この任務に当てることになった。

アルゴノートSS166
ノーチラスSS168
で、これらは少々旧式ながら、
水上排水量二七五〇トン
水中排水量四一〇〇トン
ときわめて大きかった。
標準的なガトー級　一五三〇トン／二四二〇トン
日本海軍のイ15級　二二〇〇トン／三六五〇トン
であるから、二隻の大きさがわかろう。
なお、アルゴノートの方は、当時世界最大の潜水艦で、軽巡洋艦と同じ六インチ砲二門を装備していた。
さて、作戦の実施が決まると、両艦には種々の改造が加えられた。居住区を拡大し、被発見率を下げるため艦橋を小さくした。
搭載魚雷の大部分を降ろして、そのかわりに数十個のベッドが取りつけられた。
正規の乗員九〇名より多い海兵隊員を収容しなくてはならず、これは大問題であった。
これらの改造には二ヵ月を要し、かつこれと並行して海兵隊員の訓練も徹底的に行なわれている。
彼らは、正式には第二襲撃大隊（セコンド・レイダーズ）と呼ばれたが、実際には指揮官

潜水艦ノーチラス艦上米海兵隊マキン奇襲部隊カールソン・レイダーズ。

の名をとって、カールソン・レイダーズとして知られている。

訓練時には三五〇名であったが、その中から二一一名が選ばれ、史上初の任務につくことになった。

もっとも重要視されたのは、潜水艦の甲板で上陸に使われるゴムボートをふくらます訓練で、これに要する時間の短縮が作戦の成否を決める。

さて二隻の大型潜水艦は、夜陰にまぎれて日本軍占領下のマキン島に接近し、計画どおりにレイダーズを上陸させた。

日本側はこの襲撃を全く予期していなかったので、まさに寝込みを襲われた形になってしまった。

それでもすぐに反撃に出て、猛烈な戦闘が展開された。

この戦いは思いも寄らない近接戦闘となり、海兵隊員の持つ自動小銃の効果が大きかった。

戦闘開始から数時間で日本軍の全員が戦死したが、アメリカ側も無傷では済まず一九名が死亡している。

しかも日本軍の増援部隊がやってくる前に撤退しなければならなかったから、アメリカ軍は戦死した仲間を回収しないままこの島から去っていった。

戦死者の数は九二名対一九名であるから、戦いの勝利はたしかにアメリカ側にあった。

ただ、戦闘の規模としては決して大きくなかったため、このマキン島をめぐる戦いはガダルカナルの陽動作戦にはならなかったようである。

かえって日本軍はこの島の防備を堅め、再度の攻略作戦のさいアメリカ軍へ損害を強要する形になる。

さらにアメリカ軍は、奇襲に当たって日本側の暗号書を手に入れようとしたが、これまた失敗に終わっている。

それにもかかわらず、のちにこの作戦が有名になった理由は、副指揮官のジェームズ・ルーズベルト大尉が、当時のフランクリン・D・ルーズベルト大統領の長男であったことによる。

このレイダーズのマキン攻略が一応の成功であったにもかかわらず、アメリカ海軍は二度とこの種の作戦を実施しなかった。

これはやはり隠密裡に行なうことが出来たとしてもあまりに危険が多く、結局、大規模かつ正攻法の揚陸戦の方が結果的に損害が少ないと悟ったからであろう。

最後にふたつのエピソードを記して、アメリカ海軍のマキン島攻略作戦をしめくくろう。

㈠　潜水艦アルゴノートの運命

本艦はこの五ヵ月後の一九四三年一月一〇日、駆逐艦と爆撃機からなる日本海軍の対潜掃討部隊の攻撃を受けてニューブリテン島の南東の沖合に沈没した。このさい乗員八五名のすべてが、マキンにおける一一一名の後を追ったのであった。

㈡　ノーチラスの艦名の継承

ノーチラスとは〝おうむ貝〟の意味だが、これは戦後の一九五四年九月に誕生した、史上初の原子力潜水艦へ引きつがれた。

なお、原潜ノーチラスの艦名はアメリカ海軍としては三代目である。

失敗例　北朝鮮潜水艦による特殊部隊の潜入

我々の記憶にまだ残っているのが、一九九六年九月一八日、韓国の江陵海岸とその周辺における北朝鮮潜水艦の侵入事件である。

この潜水艦サンオ級（三五〇トン）の一隻は、二四名からなるゲリラ部隊を送り込むために江陵に接近したものの、航法の誤りから座礁した。その後、乗組員ならびに特殊部隊の隊員は上陸している。それから約二週間にわたり続く最高の訓練を受けたゲリラ隊員の活動は、旧西側世界の人々を驚かすのに充分なほど冷酷なものであった。

まず潜水艦の乗組員一一名を射殺しているが、これは足手まといになること、また彼らの口から潜入の事実が洩れることを恐れたためと思われる。

それにしてもそれまでの数日間、生活を共にしてきた仲間を容易に殺すことになんの躊躇《ためら》

1996年９月18日、韓国・江陵沿岸に座礁した北朝鮮のサンオ級小型潜水艦。このときには24名のゲリラ部隊が上陸している。

いもなかったのであろうか。

そしてまた、ゲリラたちは包囲を縮めてきた韓国軍に対し、脱出も不可能、かつ増援、救出部隊がやってくる見込みが全くないことを知りながら、絶望的な戦いを続けた。

その結果、一三名が戦死、一名が捕虜となった。一方、掃討作戦に従事した韓国軍も戦死者一二名、重傷者一七名を出している。

さらに民間人四名がゲリラによって殺害された。

このような状況をみると、潜水艦を使った戦闘員の揚陸はそれなりに有効であることがはっきりとわかる。

距離的に出港した港と目的地の距離が近いこともあって、排水量わずか三五〇トンの小型潜水艦一隻で、二〇名以上のゲリラを運んできている。

もしこれが一〇隻だったら、また潜水艦が座礁しなかったら、韓国側の受ける痛手はきわめて大きかったに違いない。

繰り返すが、このような手段で侵攻してくる部隊の隊員たちは、その数こそ少ないものの、いずれも充分な訓練を受けているのである。

しかもいつ、どこに上陸してくるかわからないため、守る側としてはやっかいなことこの上なく、精神的にも大きな負担を感じる。

この点からも、潜水艦と特殊部隊の組み合わせは敵からは大いに恐れられるのであった。

なお、この新戦術が明確な形で我々に明らかにされたのは、二〇世紀においてもここに紹介した二回だけである。

しかし、成功そして失敗のいずれも戦術としては有効であることが証明されているので、各国海軍はこの種の潜水艦とゲリラ／特殊部隊の保有を考えているものと思われる。

最強のコンバット・チーム

ところでこの潜水艦を利用した特殊部隊の潜入作戦にもっとも熱心なのは、先に掲げたアメリカ海軍と北朝鮮海軍である。

なかでも前者は、海軍の特殊部隊ネイビー・シールズとの組み合わせを、最良の兵器システムと考え、その維持と訓練に力を注いでいる。

シールズとは、

NAVY SEAL　Sea And Land

の頭文字をつなげたものであり、その名のとおり、海上、陸上を問わず戦闘を行なうことが可能な部隊を指している。

これに加えて、すべての隊員が航空機からのパラシュート降下の資格を持っており、最強のコンバット・チームといえるだろう。

潜水艦から上陸するさいには、余裕があればゴムボートを用いるが、場合によってはより隠密性の高い方法をとる。これは、

㈠潜航中、密閉式の格納筒ドライ・デッキ・シェルター（DDS）へ移る

㈡アクアラングを作動させた状態でDDSに海水を入れる

㈢フロッグマンたちはSDVと呼ばれる水中スクーターを使い、潜航中の潜水艦を離れ、敵地へ向かう

といったものであり、このさいの行動距離は三〇キロと推測される。

つまり、潜水艦は敵の沿岸数十キロにまで近づけば、一度も浮上しないまま、数十人の特殊部隊の隊員を放出できるのである。

一方、守る側はすべての海岸線を監視下におかなくてはならず、これは現実には不可能であろう。

一人や二人ならいざ知らず、数十人規模の、充分に訓練を受けた兵士による打撃力は、それが必ず奇襲という形をとることもあって決して小さくない。

この事実を知っているからこそ、アメリカ海軍は、この種の特殊部隊と専用の潜水艦を揃えているのであった。

現在、

スタージョン級原子力潜水艦　六隻
ラファイエット級原子力潜水艦　二隻

がこのための改造を受け、DDSとSDVを装備している。

戦略原潜から特殊部隊支援用に改造された米潜カメハメハ。艦橋後方の甲板上にドライ・デッキ・シェルターを搭載している。

一隻の潜水艦が運用できる特殊部隊の兵員数は秘密とされており、また発進港、目的地の距離によっても異なる。しかし一応の目安として、最小六名、最大二四名と見ればよいのではあるまいか。

またアメリカの場合、前述のごとく潜水艦自体が潜ったまま戦闘員を発進させることが出来るのは、なんといっても強味である。

このシステムを本格的に運用できるのは、世界中を見渡しても今のところ同海軍だけといってよく、まさに唯一の〝超大国〟の軍事的実力を如実に見せつけているのであった。

なおいくつかの海軍は、ここ数年、高速の特殊部隊専用の揚陸艇を揃えようとしているが、この理由は潜水艦を使用するよりも大幅に費用がかからないことによっている。

12――電波探知機／レーダー

マタパン沖海戦の悲劇

軍艦、軍用機、軍用車両、各種の火砲などとは全く異なり、自体が敵を攻撃することなく、しかしそれを有する側が圧倒的に有利となるような兵器。

果たしてこのようなシステムが存在するのだろうか。

科学と技術は、二〇世紀に入って急激に発展し、この信じられないような兵器を誕生させる。

これらのうちのひとつが、ここで紹介するレーダー Radarである。

日本では電波探知機、あるいは略して電探と呼ばれていたが、今ではレーダーが一般的になってしまっている。

RADARとは、

Radio Detection and Ranging

のRa、D、a、Rをうまくつなげて、発音し易くした合成語である。

つまり電波を発射し、それが目標に当たって戻ってくるさいの時間から距離を求める。それだけではなく、距離のほかに方位（方位角）、高度（高低角）も把握できる。

したがってレーダーを有する側と持っていない側が戦えば、その勝敗ははじめから明らかとなる。

レーダーの概要をこのあたりで少々詳しく学びたいのだが、その前にこの新兵器の威力を実戦に即して調べてみよう。

○マタパン沖海戦におけるイタリア艦隊の悲劇

一九四一年三月二八日、地中海のシシリー島とクレタ島の中間地点に、イタリア海軍の重巡洋艦三隻、駆逐艦二隻からなる艦隊がいた。

重巡ポーラが航空魚雷によって損傷し、それを他の四隻がエスコートしていたのである。

当日は波こそ静かであったが、曇天で視界は良くなかった。

夜一〇時半、全く突然に大口径砲の砲弾が暗闇の中から飛来し、二隻の重巡ザラ、フューメを打ちのめした。

この二隻はイタリア海軍最強の重巡洋艦であったが、わずか一五分足らずで共に炎の塊りとなってしまった。

続いてポーラ、二隻の駆逐艦にも魚雷と砲弾が命中、先の二隻の後を追ったのであった。

イタリア艦隊から見れば、この攻撃は全くの不意打ちであり、ほとんど反撃も出来ないまま沈められた。

　したがって戦果はなく、文字どおりの惨敗というしかない。

　攻撃したのは旧式戦艦ウォースパイトを中心とするイギリス地中海艦隊の一部で、はるか二〇キロも離れたところから、レーダーによって敵艦隊の存在を知っていた。

　そしてなんと三キロまで気付かれないまま接近し、満を持して巨弾を打ち込んだのであった。

　この戦い、マタパン沖海戦のイタリア軍戦死者は三〇〇〇名を超えた

レーダーを利用したイギリス艦隊の不意打ちで沈んだイタリア重巡ザラ(上)と同艦を攻撃したイギリス戦艦ウォースパイト。

が、攻撃した側は戦死者はもちろん、負傷者さえ皆無となっている。

もはや艦艇の性能、乗組員の練度など問題にならず、レーダーの有無が勝敗を決定した。

実際の戦闘に参加した戦力は、
・イタリア艦隊
重巡洋艦三隻（一隻損傷）
駆逐艦二隻
・イギリス艦隊
旧式戦艦一隻
駆逐艦二隻
であったから、レーダーなしの砲戦ならほぼ同等といえる。
しかし結果は、イタリア艦隊にとって敗北、いや前述のごとく惨敗であった。
当時のイギリス海軍の装備しているレーダーは決して高性能とは言えなかったが、それでもこれだけの威力を発揮している。
それではここで話をレーダーそのものに戻して、この全く新しい探知システムを勉強しよう。

新しい探知システム

㈠ レーダーの発明

レーダーの種々の表示方式

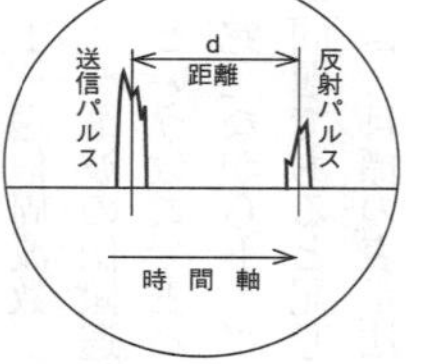

A表示方式
ごく初期の表示

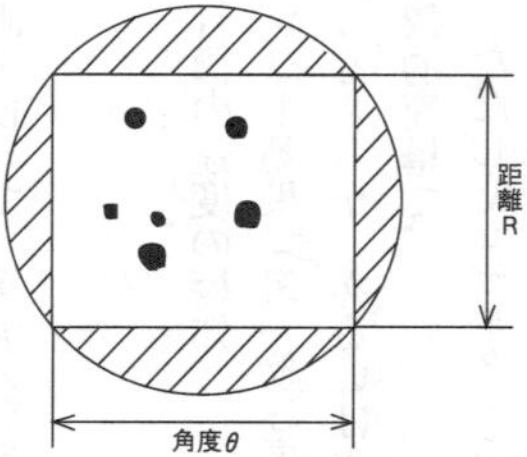

H表示方式
多数の目標の位置を同時に示す

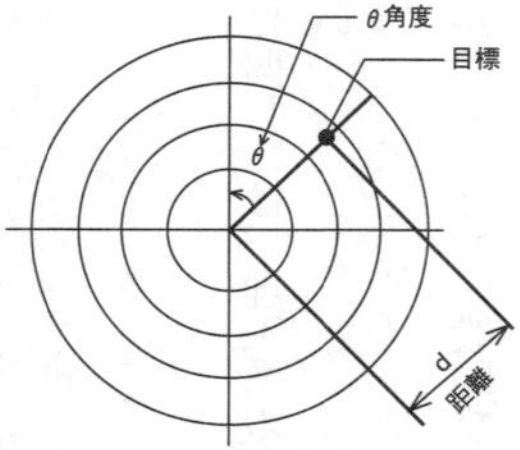

P表示方式
単目標に対する精測表示
PPIはこのタイプの発展型である

いずれもブラウン管上に表示される。

電波を利用して目標との距離を測るという着想は、一九二五年にアメリカで得られた。天文学者たちが、地球の周囲を取り巻いている〝電離層〟の測定用として考え出したのである。

しかし、その実用化に成功したのはイギリスの研究陣で、一九三五年にはかなり小さな目標、たとえば航空機でもその存在が電波によって確認できるまで進歩した。

(二) 距離測定の原理

電波が発射され、目標に当たって戻ってくる時間を測ることにより、距離が算出できる。

これには大きく分けて、

a　送信波と反射波を区別す

るため、パルス波を用いる「パルス形レーダー」
b 周波数変調を使って、電波の周波数の差から電波の往復時間を測定する「FM形レーダー」
がある。

㈢ 移動する目標の速度の探知

主としてドップラー効果（例、救急車のサイレンの音の高低・周波数変調）を用いる。

発振源、目標のどちらか、あるいは両方が動いていても、正確な探知が可能である。

この原理は比較的簡単で、

$\Delta f = 2vf/c$ ただしΔf（デルタ・エフ）送信周波数と反射周波数の差

v：移動体の速度、

f：送信周波数、

c：電波の伝搬速度

という数式で表わされる。

蛇足ながらドップラー効果に関しては、理工系の大学入試でもっとも数多く出題されている問題であると記しておきたい。

㈣ 目標の表示法

これには多くの方法があるが、もっとも一般的なものはＰＰＩ（Plan Position Indicator）＝図式位置指示機（法）というものである。なお典型的な表示法を別図に掲げておく。

この他レーダーについては、

・測定可能距離
・距離、方位分解能（能力）
・固定物体反射消去能力

などの重要な性能が問われるが、これらはあまりに専門的にすぎるので省略したい。

さてそれでは、レーダーがその威力を最大に発揮したふたつ目の例を見ていこう。

○英国の戦い Battle of Britain

第二次世界大戦は一九三九年九月に始まったが、それからほぼ一年後の七月、ドイツ空軍（ルフトバッフェ）は大挙してイギリス本土に襲いかかる。

空からの攻撃でイギリスに打撃を与え、その後必要となれば上陸作戦を実施し、最終的には西ヨーロッパ全体を手中におさめるつもりであった。

すでにフランスは降伏しており、ルフトバッフェはこの戦いに全戦力を投入できるのである。

その数は戦闘機一〇〇〇機、爆撃機その他一五〇〇機となっていた。他方、迎撃するイギリス空軍の戦闘機は、

新型のスピットファイア　三七〇機
旧式のハリケーン　　　　七一〇機

であった。

イギリスはレーダーを駆使して「バトル・オブ・ブリテン」を戦った。写真はドイツ機の侵入を見張ったレーダー・アンテナ。

この英本土上空の戦い「バトル・オブ・ブリテン」（ＢＯＢ）は、延々四ヵ月にわたってつづくが、このすべての期間、イギリス側は生まれたばかりのレーダーを駆使して、ドイツ空軍を迎え撃つ。

敵編隊の位置、高度、機数をあらかじめ知り、それに対して戦闘機隊を効率よく差し向けたのである。時間的に余裕があれば、味方の編隊をもっとも有利な体勢にまで誘導、ドイツ軍爆撃隊を目標に攻撃させた。

緒戦においてイギリス空軍はかなりの数の戦闘機を地上で失っていたから、数的には劣勢を免れなかったが、レーダーのおかげで常に効果的な迎撃が可能となったのである。

一方のドイツ空軍のパイロットたちにとっては、なぜこれほど敵機がうまく反撃してくるのか、首をひねったに違いない。

前線で戦っている者たちにとっては、レーダーの存在など思いもよらなかったのだから……。

すでにレーダーは、空中戦闘の支援に欠かせない兵器に成長しており、その〝電波の日〟は昼夜を問わず、侵入者を見逃さなかった。

加えて英軍パイロットの善戦もあり、ルフトバッフェの野望は潰えたのである。

航空機の損失については、

ドイツ側　戦闘機五六〇機、爆撃機四〇〇機、乗員の戦死五〇〇〇名

イギリス側　戦闘機九二〇機、乗員の戦死七八〇名

であった。

失われた航空機の数こそ大差はないが、ドイツ側のそれの四割は大型の爆撃機である事実を忘れてはならない。

太平洋における海戦

ＢＯＢから二年後、太平洋の島々をめぐって、日米海軍の死闘が続いていた。

なかでもソロモン諸島のガダルカナル島の争奪戦は、歴史に残る激戦となる。

艦隊同士の戦闘の大部分は、島の周辺の海域での夜戦となり、この種の戦いでは日本海軍は見事な手腕を見せつけ多くの勝利を得た。

しかし四二年の秋以降、アメリカ軍は艦艇に装備されはじめたレーダーをようやく使いこなし、この分野でも形勢は少しずつ逆転していく。その典型的な例を取り上げよう。

○ベラ湾の夜戦　一九四三年八月六日

この戦いでは日本海軍の駆逐艦四隻中の三隻が、なすすべもなく沈められている。レーダーを駆使して全く気づかれないまま、アメリカ側は有利な体勢にもち込み、一挙に攻撃したのである。日本側の優れた大型望遠鏡、訓練を積んだ見張員も、電波の目にはとうていかなわなかった。

また太平洋の航空戦でもアメリカ軍のレーダーは、優れた性能を見せ、日本軍の攻撃を完璧に封じこめるのである。

一九四四年の初夏に勃発したマリアナ諸島をめぐる海空戦では、まさに四年前のバトル・オブ・ブリテンと同じ手法が用いられ、大成功をおさめた。

日本海軍の航空母艦から発進した数百機に及ぶ大編隊に対し、アメリカの機動部隊はほぼ同じ数の戦闘機をレーダーの誘導にしたがい、差し向けたのである。

それまではあらゆる面で日本側が有利であったが、いったん戦闘が始まると、その後はアメリカ海軍の圧勝となった。

次から次へと必要な空域に必要な数の戦闘機を送り込んでくる敵によって、日本機の編隊は次から次へと撃墜されていき、一時間とたたないうちにその打撃力を完全に失ってしまったのである。

このようにして、日本海軍の機動部隊は実質的に無力化されていった。

同じ頃、ヨーロッパ周辺の海域でも、レーダーによって戦いの行方が決まる。

ドイツ海軍の誇る、いやイギリスを倒し得るほとんど唯一の兵器であった潜水艦Uボートが、この兵器によって手も足も出なくなっていた。

船体、あるいは艦橋《ブリッジ》どころか、波の上に突き出た潜望鏡まで捕捉できる高性能レーダーが開発されたことがこの理由であった。

第二次大戦以降、レーダーは必須の兵器となった。写真は1942年、戦艦伊勢に装備された日本最初の艦載レーダー21号電探。

たとえ一分間でも潜望鏡を出せば、イギリス側のSバンド・レーダー（波長のきわめて短い精測レーダー）ははっきりとこれを確認し、すぐに対潜哨戒機、駆逐艦を送ってくるのである。

ドイツ側もレーダー波を早めに探知するＮａｘｏｓ逆探システム、電波を妨害するアフロディア攪乱装置などを用いて対抗したが、技術的格差が大きく、徹底しておさえこまれてしまったという以外にない。アメリカ、イギリスのレーダー技術は、日本、ドイツのそれをはるかに上まわり、測定精度、信頼性ともに数倍高かった。

第二次大戦を振り返ったとき、画期的な兵器としては核兵器／原子爆弾が挙げられるが、勝敗を決したものといえば、それはレーダーに尽きるといってよい。

なお、今日に至るもレーダーを含めた電子技術とその関連の兵器は、なによりも重要であって、これなくして戦闘の勝利とは無縁なのである。

航空戦、海上戦はもちろんのこと、陸上戦闘でもレーダーは重要な役割を持つ。たとえば飛来してくる敵の砲弾を捕捉し、その発射位置を一瞬のうちに発見する〝砲兵レーダー〟さえも登場している。

また一部にはステルス戦闘機、爆撃機に代表されるごとく、レーダーの目をくらます兵器システムも実在するが、これさえ完全ではないのである。

結局のところ、これからの戦争では、それが正規戦に近いものであるかぎり、レーダー関連兵器の必要性は繰り返すまでもなかろう。

いつの時代になっても、敵の正確な位置を知ることが、勝利に直結するのである。

13——巡洋戦艦の盛衰

攻撃力、防御力、機動力

一九一六年五月三一日の午後から翌日の午前中にかけて、イギリス海軍一四九隻、ドイツ海軍九九隻からなる艦隊が北海で激突した。

これこそ歴史上、もっとも大規模な海の戦いと言われたユトラント沖海戦である。

ともかく戦艦とそれに類似した巡洋戦艦（後述）だけを数えても、イギリス側三七隻、ドイツ側二一隻となり、当時世界の海軍の保有していたこの艦種の約半数が参加している。

まさにイギリスの大艦隊：グランド・フリート　Grand Fleet

ドイツの大海艦隊：ホーホゼーフロッテ　Hochseeflotte

の真正面からの衝突であり、両艦隊は祖国の命運と大西洋の制海権を賭して戦った。

当日は薄曇りながら風が強く、波もまた高かった。しかしながら視界はよかったので、長時間にわたって激戦が続いたのである。

ユトラント半島の沖合一帯は、絶え間なく続く砲声、林立する水柱、低くたなびく砲煙に覆われ、その中を一五〇隻近い艦艇が波を蹴散らせて疾駆するといった状況となる。

イギリス海軍の一五インチ砲、ドイツ海軍の一五インチ、一一インチ砲は鎌首を高くあげて敵艦を狙い撃ち、これによって炎上、あるいは爆沈する軍艦が続出した。

航空機、潜水艦の介入がなかったため、まさに艦隊運動の熟達度、ならびに砲撃の精度が問われたのであった。

このような艦隊決戦のなかで、ひとつの事実が明確な形で現われる。

それは打撃力の中核を担う戦艦群があまり活躍できず、それに代わり得たのはもっぱら巡洋戦艦であったということである。

それぞれの主力と指揮官については、

○イギリス艦隊
・戦艦部隊　戦艦二八隻基幹
指揮官　ジョン・ジェリコー大将
・巡洋戦艦部隊　巡戦九隻基幹
指揮官　デービッド・ビーティ中将
○ドイツ艦隊
・戦艦部隊　戦艦一六隻基幹
指揮官　ラインハルト・シェーア中将

・巡洋戦艦部隊　巡戦五隻基幹
指揮官　フランツ・フォン・ヒッパー中将
であった。

第一次世界大戦当時のイギリスが誇った巡洋戦艦部隊。
手前からタイガー、プリンセス・ロイヤル、ライオン。

そして海戦の主役は、前述のとおり最強の砲撃力、防御力を誇る戦艦Battleshipではなく、より高速の巡洋戦艦Battle Cruiserとなるのである。

この巡洋戦艦という艦種は、戦艦よりひと足遅く生まれ、ひと足早く消えていく。

そのことへの惜別を兼ねて、この巡戦をひとつのテーマとして取り上げたい。

それではまず戦艦と巡洋戦艦との違いから見ていくことにしよう。

この艦種が大活躍したのは唯一、第一次世界大戦（一九一四年七月～一八年一一月）であり、ひとつの兵器がひとつの戦争でのみその能力を発揮したという希有な例といえる。

この大戦においての大海戦（艦隊同士の激突という意味）は、これまで述べてきたユトラント沖海戦だけであって、他の海戦における戦艦対戦艦の交戦は皆無であった。

この点から、すでに戦艦は海軍の主役の座を滑り落ちていたのだが、それには誰も気づかないままだったのである。

ともかく、この戦争の全期間を通じて戦艦が砲戦で沈んだ例は一隻たりともなく、海戦の立役者こそ巡洋戦艦というしかない。

そこで寸法、外観ともほとんど違いのないこのふたつの艦種を比べてみる。

大型兵器の大部分は、次の三つの要素から成り立っていることが多い。

『攻撃力、防御力、機動力（運動能力）』

である。これは戦車などについても言い得る。

主力艦に関して言えば、その要素と順序は、
・戦艦
①攻撃力、②防御力、③機動力
・巡洋戦艦
①機動力、②攻撃力、③防御力
となる。三つの要素の順序だけではこれといった差は少ないように思われるかも知れないが、実際には全く異なった艦種といえる。

軍艦の機動力とは結局のところ速力である。

面白いことに艦艇、船舶に関して速力といえば、それは一般的に最大速力を指している。

イギリス巡洋戦艦と戦艦の艦型比較(いずれも1番艦は1912年竣工)

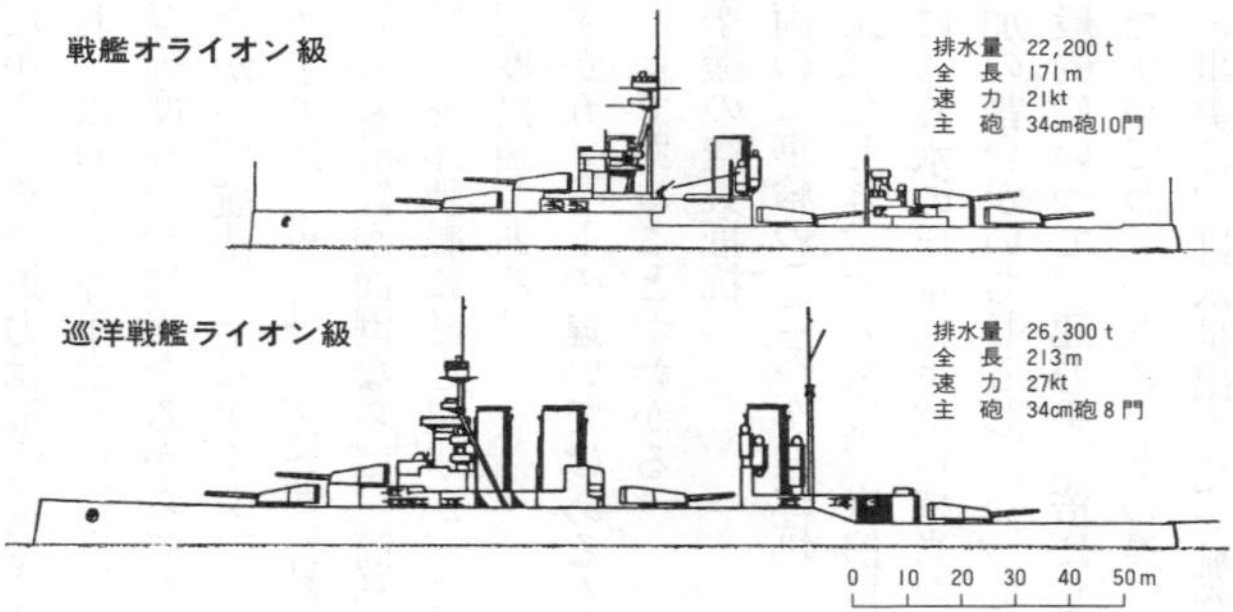

第一次大戦当時の戦艦のそれは、
もっとも速いもので二四ノット
もっとも遅いもので二〇ノット
平均的には二一ないし二二ノットと考えればよい。

なおノットとは、ｋｔとも記し、
「一時間に一海里（一八五二メートル）進む速さを一ノット」
としている。したがって、
一ノットは一・八五二キロ／時
一〇ノットは一八・五二キロ／時
二〇ノットは三七・〇四キロ／時
三〇ノットは五五・五六キロ／時
となる。この数字を見るかぎり飛行機はもちろん、自動車と比較してもそれほど速くないように思える。

しかし、日本海軍の戦艦大和を例にとれば、
「重さ／排水量最大七万二八〇〇トンの鉄の塊りが二七ノット（約五〇キロ／時）で、波のある海上を疾走する」

のだから、その迫力は筆舌に尽くし難い。

なお、このような半端な数字（一八五二メートルという単位）を用いる理由は、これが地球の経緯度の一分に当たるからである。

したがって航法（ナビゲーション）のさいには一キロメートル、あるいは一マイル（一六〇五メートル）よりはるかに使い易い。

それでも計算が面倒ならば、簡易的に二倍すればキロメートル／時に近い値となる。

さて、巡洋戦艦に話を戻すが、この速力は別掲の表からもわかるとおり、戦艦よりも五ノット程度優速である。

わずか五ノットの違いではあるが、船舶工学についての知識から見たとき、これはかなり大きな差であることがわかる。

・航空機の空気抵抗
・車両の（車輪の）ころがり抵抗

と比べたとき、水の造波、摩擦抵抗はきわめて大きい。

なにしろ水の比重（単位体積当たりの密度）は空気の八〇〇倍であるから、どうしても抵抗増加の割合がいちじるしくなってしまう。

一般的にいって、速力を二倍にしようとすると、そのために必要な機関出力は八倍となる。

したがってわずか五ノットの違いは、大差といってよい。

この事実は、排水量出力比（航空機、車両の馬力〈出力〉荷重に相当）を見ればよくわかる。

・戦艦の平均値　〇・八四トン／馬力
一馬力で八四〇キログラムの重量を動かす

第一次大戦時の戦艦と巡洋戦艦

級名＼要目など	戦艦 バイエルン級	巡洋戦艦 デアフリンガー級	戦艦 アイアン・デューク級	巡洋戦艦 ライオン級
排水量 トン	28600	26600	25000	26300
全長 m	180	210	190	213
全幅 m	30	29	27	27
機関出力 HP	35000	63000	29000	70000
速力 kt	22	27	21	27
主砲口径 cm	38	30.5	34	34
門　数 門	8	8	10	8
舷側装甲厚 cm	35	30	31	23
乗員数 名	1170	1110	1010	1000
出力排水量比 トン/HP	0.82	0.42	0.86	0.38
就役年 年	1916	1914	1914	1912
国　名	ドイツ	ドイツ	イギリス	イギリス

・巡戦の平均値　〇・四〇
一馬力で四〇〇キログラムの重量を動かす

と、巡戦は戦艦の二分の一の値となっている。逆の見方をすれば、二倍強力な機関を装備しているということで、これが五ノットに結びつくのであった。

　したがって同じ排水量なら、建造費は戦艦よりも巡戦が一・五倍ないし二倍も高くついてしまう。

この意味から巡洋戦艦こそ、戦艦を凌ぐ高価な軍艦といえる。
イギリス海軍　戦艦二八隻　巡戦九隻
ドイツ海軍　〃　一六隻　〃　五隻
と数の少ない理由はこの点にあった。
もちろん、防御力に関しては巡戦は戦艦にはるかに劣っている。
結論としては、防御力をとるか機動力をとるかということになってしまうのである。

巡洋戦艦の活動を追う

さて、それでは第一次大戦における巡戦の活躍を追っていく。
㈠　フォークランド沖海戦　一九一四年一二月八日
南米フォークランド諸島沖合で、ドイツ東洋艦隊の装甲巡洋艦二隻、軽巡洋艦三隻と、イギリス艦隊の巡戦二隻、装甲巡三隻、軽巡二隻が戦った。
二隻の巡戦はほとんど損害なしに、第二次大戦時の重巡洋艦に相当する装甲巡二隻を沈める。
㈡　ドッガーバンク海戦　一九一五年一月二三日
北海のドッガーバンクで英独の巡戦部隊が交戦した戦いであり、後者の装甲巡一隻が沈んでいる。
この海戦にはイギリスの戦艦部隊が介入しようとしたが、あまりに低速であって参戦する前に終わってしまった。

㈠、㈡の海戦の結果、列強海軍が多数保有していた装甲巡洋艦の存在価値は完全に否定されることになる。

ユトラント沖海戦で爆沈したイギリス巡戦インディファチガブル(上)と同艦を撃沈したドイツ巡戦フォン・デア・タン。

㈢　ユトラント沖海戦

この海戦こそ、英独の巡戦部隊がもっとも華々しく戦ったものといえる。

低速の戦艦群はときたま交戦する機会があっても、その優速を利して相手の艦隊はすぐに回避してしまい、本格的な砲撃戦はせいぜい一〇分程度しか続かない。一方、巡戦はその速力にものを言わせて、自分の望むだけ敵に交戦を強い、あるいは戦いを打ち切ることができた。
・イギリスのビーティ隊
・ドイツのヒッパー隊
は、この海戦のはじめから終わりまで、中心となって戦っている。

また互いに相手が戦力の中核であると知っていたので、それは自分の損害を顧みない打撃戦となった。

戦艦、装甲巡、巡洋艦、駆逐艦も、巡戦隊と比べた場合、積極的に動けず、もっぱら脇役とならざるを得なかったのであった。

そして距離八〇〇〇メートル前後の砲撃戦となったとき、ドイツ側は恐ろしいほどの腕前を見せつける。
・ドイツ巡戦フォン・デア・タンがイギリスの巡戦インデファチガブルを撃沈
・同デアフリンガーがクィーン・メリーを撃沈
このどちらもが、交戦後十数分の出来事であった。

その後、英艦インビンシブルも、巡戦リュッツオウによって沈められた。

この三隻の巡戦の排水量はいずれも二万トンを超えていたが、ドイツ側の砲撃に耐えられず、〝爆沈〟の形で失われている。

一方、ドイツの巡戦隊もまた大きな痛手を受けていたが、それでもなかなか沈もうとはしなかった。

第二次大戦時の巡洋戦艦

級名／要目	シャルンホルスト級	フッド	ダンケルク級	アラスカ級	アイオワ級（参考）
排水量 トン	21900	42700	30800	27500	45000
全長 m	230	262	215	246	270
全幅 m	30	32	31	28	33
機関出力 万馬力	16	14.4	13	15	21.2
速力 kt	31	31	31	33	33
主砲口径 cm	28	38	33	31	41
門数 門	9	8	8	9	9
舷側装甲厚 cm	35	31	23	23	30
乗員数 名	1680	1480	1400	2200	2700
出力排水量比 トン/HP	0.20	0.30	0.24	0.18	0.21
就役年 年	1939	1920	1935	1944	1943
国　名	ドイツ	イギリス	フランス	アメリカ	アメリカ

注）参考としてアメリカのアイオワ級戦艦を掲げる

前出のフォン・デア・タンなど、すべての砲塔が使用不能になるまで痛めつけられたが、なんとか自力で帰港している。

沈んだのはわずかに一隻リュッツオウだけで、彼女も戦場からなんとか離脱したものの、泊地の近くまでたどりついていながら、とうとう持ちこたえられなかったのであった。

ジェリコーとシェーアの率いる戦艦部隊もそれなりに勇戦したが、強力な新型戦艦のうちでは沈んだものも大損傷を受けたものも皆無となっている。

すでに述べたとおり、速力の不足が不徹底な交戦の原因となってしまったようである。

かつて日本海軍でも、若手の士官たちの間では鈍重な戦艦よりも高速力で艦隊の前衛をつとめる重巡洋艦に人気が集まっていた。
やはり本格的な海戦のさいには、速力の大きいことが重要であった。
これは第一次世界大戦のすべての海戦において言えることで、もはや戦艦の価値は、海軍軍人が考えているよりもはるかに低下していたという他ない。
その一方で、巡戦の建造費の高騰、そして防御力の不足も問題となった。また軽くするため主砲の数が一般的に戦艦より少ないこともマイナス点といえる。
この状況から、理想としては、
『充分に高速で、攻撃力、防御力に優れた戦艦を建造、保有すべき』
ということになる。
これによって巡洋戦艦もまた徐々にではあるが、消えていく運命を迎えざるを得なくなっていく。そして登場したのが、第二次世界大戦時の理想的な戦艦、
ドイツ海軍　ビスマルク級二隻
アメリカ海軍　アイオワ級四隻
であった。もちろん、
日本海軍の大和級二隻
フランス海軍のリシュリュー級二隻
イタリア海軍のヴィットリオ・ヴェネト級三隻
をこれに加えるべきかも知れない。

しかし、先に掲げた三要素を厳密に見ていけば、大和は機関出力の不足、リシュリュー級は少々小さく、V・ヴェネト級も同じ理由から〝理想的な戦艦の基準〟からはずれるのである。

ところでここに掲げた最強の戦艦と巡洋戦艦が対等の条件で戦ったとすると、その勝敗は

戦艦時代の最後を飾った代表的な戦艦。上からドイツ海軍のビスマルク、アメリカ海軍のアイオワ、日本海軍の大和。特に独米の２艦とその姉妹艦は、当時最良の戦艦といえる。

あらかじめ決まっていた。

世界最大の巡戦フッド——彼女は全長からいえば我が大和に等しい大艦であった——は一九四一年五月二四日、ドイツ戦艦ビスマルクとアイスランド近海で戦うことになった。

前述のごとく巡戦と最良の戦艦との史上初めての交戦であったが、結果はまさに予想どおりとなる。

フッドはビスマルクからの斉射を受け、——ちょうど二五年前のイギリス巡戦三隻と全く同様に——爆沈するのである。

一五〇〇名近い乗組員のうち、救助されたのはわずか三名のみという悲劇であり、これをもって巡洋戦艦の寿命は尽きた。

いかに高速であっても、同じ程度の速力を発揮できる新戦艦には太刀打ちできないことが明々白々になってしまった。

これ以後、ドイツ巡戦シャルンホルストも戦艦デューク・オブ・ヨークを中心とするイギリス艦隊に沈められ、ここに兵器としての巡戦は歴史から消え去るのであった。

顧みればこの大型兵器が存在したのは、
一九一〇年から一九四四年までの三五年足らずとなる。

それでもこのBattle Cruiserという響きのよい艦種は、艦船ファンの記憶の中に強く残っている。

さらに加えて一九八〇年代に至ると当時にあって最大の戦力を誇っていた旧ソ連海軍が、

現代の巡洋戦艦とも呼び得る、

キーロフ級三隻

排水量二万四三〇〇トン、全長二五二メートル、全幅二九メートル、速力三〇ノット

を就役させている。

旧西側が全く保有していない大型の水上戦闘艦を、西側の専門家たちは「新しい巡洋戦艦の登場」と分析した。

しかし、彼女らもいつの間にか現役を去り、今度こそ巡洋戦艦は永久に姿を消したのであった。

14――スキップ・ボミング

ダンピール海峡の悲劇

美しい群青の海を八隻の駆逐艦に護られた、同じく八隻の輸送船が一五ノット（二八キロ／時）の速力でゆっくりと航進していく。その上空を海軍の零戦、陸軍の隼《はやぶさ》戦闘機が高く低く飛翔し、まさに万全の体勢で船団を見守る。

輸送船には、陸軍第五一師団の将兵約七〇〇〇名と共に重火器、弾薬、食糧などが満載されていた。

重要なコンボイだけに、日本の陸海軍は強力なエスコートを付け、大根拠地ラバウルからニューギニアのラエに向け送り出したのであった。

昭和一八年三月三日、ニューブリテン島とニューギニアの間のダンピール海峡を抜け、船団は目的地まであと一〇〇キロの地点に達した。

相変わらず抜けるような青空が広がり、波もほとんどない。

前日、二回にわたりB17爆撃機の攻撃を受けてはいたが、損害は輸送船一隻のみにとどまっていた。

ところが、この日の午前八時、約八〇機のアメリカ陸軍、オーストラリア空軍機が来襲し、それから三時間とたたないうちに、周辺の海上は地獄に変わるのであった。

船団の七隻全部が沈められ、そのうえ俊敏な運動性を誇る駆逐艦さえ四隻が失われる。

それとともに海軍の水兵ら約一〇〇〇名、輸送船の乗員、乗船していた陸軍兵士合わせて四〇〇〇名が、ダンピール海峡、ビスマルク海に消えていった。

もちろんすべての積荷も同様である。

一方、米豪軍の損害は、一〇機足らずの航空機にすぎず、ここにおいてニューギニアをめぐる戦いの行方は決まってしまったのである。

前述のごとく、日本軍はこの船団の重要性を熟知しており、駆逐艦八隻、そして戦闘機延べ二〇〇機（常時滞空していたのは二〇機前後）を繰り出したものの、全く役に立たなかった。

それにしても、短時間のうちにどうして米豪空軍はこれだけの戦果を挙げることが出来たのであろうか。

しかも攻撃の主力は、対艦攻撃をあまり得意としていないアメリカ陸軍機なのである。

これが可能であった理由の大部分は、このときはじめて採用された新戦術スキップ・ボミングSkip Bombingと呼ばれるものであった。

ミサイルが登場していなかったこの時代、一般に航空機による対艦攻撃は、

㈠　水平爆撃
㈡　急降下爆撃
㈢　魚雷攻撃（雷撃）

となる。この他、銃撃やロケット弾による攻撃も実施されるが、どちらも対空砲火の制圧が目的で、撃沈にはつながらない。

ところが、このダンピール海峡における攻撃は、これとは全く別のものであった。

1943年3月3日、ダンピール海峡で米陸軍のB25の攻撃を受ける日本軍輸送船（上）。下写真はB25ミッチェル爆撃機。

通常爆弾を搭載した双発爆撃機／攻撃機の、
ノースアメリカンB25ミッチェル
ダグラスA20ハボック

の二種が、スキップ・ボミングを行ない、これによって日本軍は大打撃を受けている。

スキップとは、
・子供やヒツジたちが軽く跳ねまわる
・縄跳びをする
・水平に投げた石が水面を跳ねながら飛んでいく
などの意味である。

そして当然ながら、ここでは石投げがもっとも近い。

低空を直線飛行している航空機から爆弾を投下すると、それは水面でジャンプを繰り返しながら、目標に向かう。

航空機の速度、高度、目標までの距離によっても異なるが、爆弾はほぼ落下時の速度を保ちながら少なくとも数百メートル突っ走っていく。

威力そのものは大きくないが、魚雷よりも数段速いから、狙われた艦船はほとんど回避することができない。

アメリカ陸軍、オーストラリア空軍は、この戦術を初めて用い、予想以上の戦果を挙げたのであった。

攻撃された日本側は、このスキップ・ボミングを全く知らなかった。またたとえ知っていたとしても、いったん狙われれば助かる道はない。

この戦術の考案者は、アメリカ陸軍のC・ケニー中将（太平洋方面の航空部隊の最高指揮官）、その部下であるW・ベン少佐と言われている。

彼とその部下たちは、数ヵ月前からこの新戦術を徹底的に研究し、また実戦に向けての訓練を続けていたのであろう。

当時、アメリカ陸軍航空隊は、海軍とちがってこれといった急降下爆撃機を持たず、艦船攻撃のための有効な手段がなかった。

雷撃もほとんど経験がなく、困り切っていたところへ、この新しい戦術が提案されたのであった。

繰り返すが、八隻の輸送船、四隻の駆逐艦を沈めたのは海軍ではなくて、陸軍の航空隊なのである。

モノに出来なかった日本軍航空部隊

驚くべき大損害により日本海軍は、この画期的な爆撃方法を知った。

たしかに対艦船攻撃の場合、急降下爆撃よりも命中率は高くなり、より重要なことは訓練が格段に容易と言える。

なにしろ急降下爆撃では目標が点であるのに対し、スキップでは線になるのだから……。

パイロットは、ともかく一定の高度を保ちながら一直線に飛行すればよく、操縦の技術もそれほど高い必要はない。

さらに爆弾も普通のものでよいわけで、あらゆる観点から非常に優れた攻撃方法であった。

日本軍ではまず海軍がこれに取り組み、零式戦闘機を用いて実験がはじまった。そして横須賀海軍航空隊を中心に実用化に取り組み、一応の成果を得るまでになる。日本軍はこのスキップ・ボミングを〝反跳爆撃〟あるいは〝跳飛爆撃〟などと呼んでいる。

いずれにしろ、方法自体はきわめて単純であり、前述のごとく操縦も決して難しいものではない。

一般的には速力三五〇～四〇〇キロ、高度一〇～二〇メートル、目標からの距離二〇〇～三〇〇メートルで爆弾を投下すればよく、特別な爆撃訓練を受けていない戦闘機パイロットでも可能である。

そして保守的な陸軍もまた早々に採用を決めた。

使用された機種はすでに旧式化していた、川崎　九九式双発軽爆撃機キ48で、これに二五〇キロ爆弾を積み、対艦船攻撃の訓練を重ねた。

この九九双軽部隊は、昭和一九年一〇月のフィリピンをめぐる戦闘に投入される。

フィリピン諸島の攻防戦は、日本にとって生存を賭した戦闘であり、海軍だけではなく陸軍も全力を傾注していた。

一〇月二四日、二五〇キロ爆弾を積んだ二二機の双発爆撃機は、レイテ湾のアメリカ軍艦船の攻撃に飛び立つ。

ところが、護衛戦闘機との会合に失敗し、エスコートがないまま敵の迎撃を受け、なんの

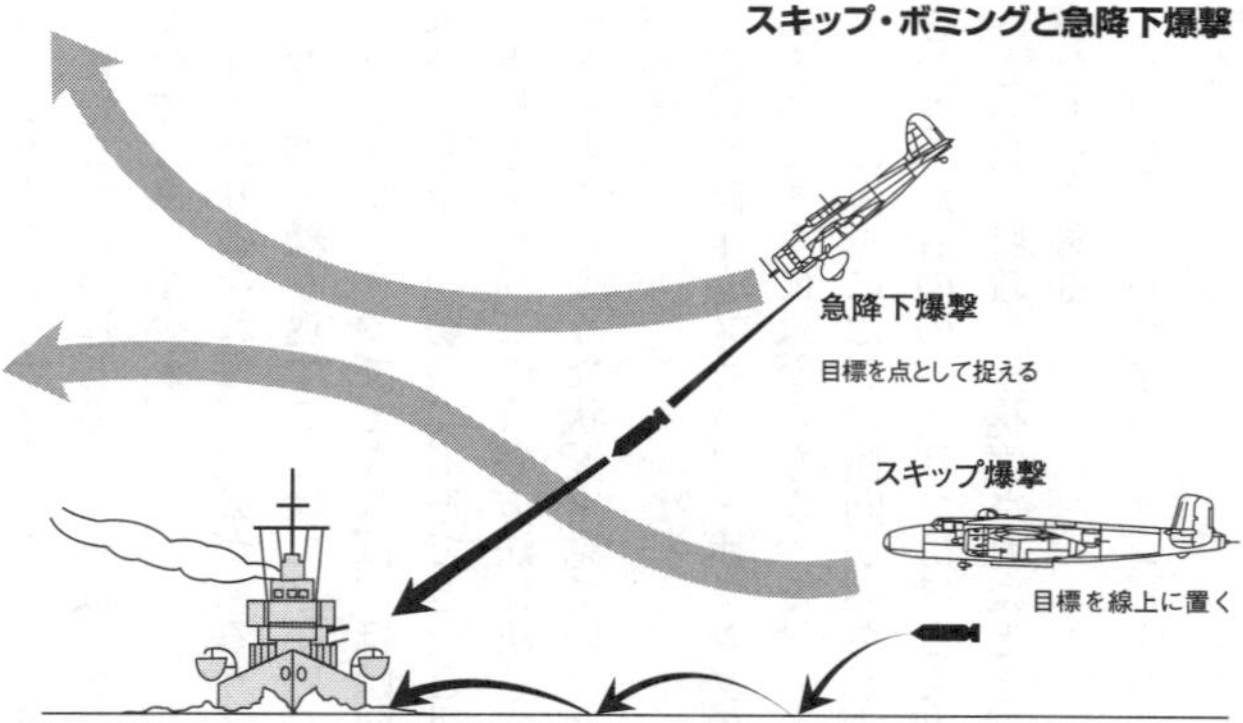

戦果もなく全滅する。これまでの猛訓練の努力も水泡に帰したのである。

日本軍の大規模スキップ・ボミングの記録はまさにこれだけであり、海軍に至っては実戦で使われたかどうかさえ定かでない。

はっきり言えば、本当に効果があるといえるまで徹底的な研究をしないまま、実用化をあきらめてしまったのではあるまいか。

たしかにこの爆撃方法では、対空砲火に捕捉される可能性が急降下爆撃より高い。

しかしその一方で、雷撃よりは低いのである。

さらに敵の艦船が集まっているところでは、攻撃／爆撃機が超低空を飛ぶため、対空砲の狙いがつけにくくなる。

つまり場合によっては、味方の艦を射つ恐れが出てくるのである。

これらの種々の条件を考えるとき、戦争の中期以降、陸海軍を問わず日本軍航空部隊が実行できる艦船攻撃は、これ以外になかったような気さえするのであった。

またこれに熟達しさえすれば、あのように悲惨な体当たり攻撃（特攻）は全く必要なかったのではあるまいか。

体当たりとなれば、戦果があろうとなかろうと、航空機も搭乗員も必ず失われてしまい、再度攻撃を繰り返すことはできない。

ところがスキップとなれば、ほぼ同じ命中率を期待でき、またかなりの航空機がアメリカ軍の弾幕を突っ切って帰還できたと思われる。

繰り返すが、この攻撃方法は決して難しいものではないのである。

どうもこのような状況を見ていくと、日本人特有の〝粘りのなさ〟が現われているような気がする。

海軍も陸軍もスキップ・ボミングの威力に充分気がついていながら、それを徹底的に自分のものにするには至らなかった。

とくに海軍にはこの傾向がいちじるしい。それなりに研究、実験を繰り返して一応の成功をおさめたものの、実戦ではほとんど実施しなかったのである。

さらに〝特攻〟が提案されたとき、この反跳攻撃と比較して検討を行なうことさえしなかったようである。

ただしアメリカ軍も、ダンピールの勝利のあとには、このスキップ攻撃をあまり行なっていない。

この理由は、対艦攻撃用のロケット弾HVAR（高速空中発射ロケット弾）の大量配備によるものと思われる。

英空軍と空自での事例

さて、最後にもうひとつ別な、このスキップ・ボミングの実戦への投入の例を掲げておこう。

㈠　イギリス空軍によるスキップ攻撃

このもっとも有名なものは、スキップ攻撃専用の円筒型爆弾を用いた攻撃である。

アブロ・ランカスター四発爆撃機を改造した特殊機三〇機が造られ、ドイツ工業地帯へ電力を供給するルール地方の四つのダムを破壊する計画が立案、実施された。

まさにドラム缶にそっくりの爆弾は、直径一・五メートル、重量一トンで、爆撃機から投下されると水面で跳ねながら、ダムに向かって進んでいく。

そしてダムの壁すれすれで行足を停め、水中深く沈み、その後大爆発を引き起こす。爆弾の爆発力はそのまま膨大な水圧となってダムの本体にのしかかり、壁を壊すのであった。

一九四三年五月一六日の夜、この爆弾を搭載したランカスター編隊がドイツ本土のメーネダム、エーデルダムを攻撃、多くの犠牲を出しながらふたつとも完全に破壊している。続いて攻撃はゾルペ、エンネッペダムに対しても実施され、これまた目的を達した。

四つのダムが崩壊したことにより、ドイツの全電力供給量の二七パーセントが停止、溺死者は一〇〇〇名を超えている。

この作戦こそ、まさに歴史に残る壮烈なものと言われ、参加した部隊には〝ダム・バスター Dam Buster〟の称号が与えられた。

この他、イギリスは球形爆弾、通常の爆弾を用いてスキップ・ボミングの実験を徹底的に行なっている。

投下母機としては、デ・ハビランド・モスキート双発爆撃機が多かった。

それにより充分なデータが集められたと思われるのだが、以後同国の航空部隊がこの戦術を用いて敵の艦船を攻撃したという記録はほとんどない。

なぜなら、スキップ攻撃の準備が整ったときには、ドイツの艦隊はすでに消滅していたのであった。

(二) 航空自衛隊のスキップ攻撃

いまでこそ航空自衛隊機による艦船攻撃はもっぱらASM(航空機発射型の対艦ミサイル)、たとえばAGM84ハープーン、九三式ASM2などになってしまったが、一九七〇年代までこの戦術がほとんど唯一のものであった。

ノースアメリカンF86セイバー戦闘機に二五〇キロ爆弾二発を搭載し、高度三〇メートル、速力三〇〇ノット前後で敵艦に襲いかかる。

もはや仮想敵国の海軍に装甲の分厚い戦艦は存在せず、スキップによる二五〇キロ爆弾でいかなる軍艦も無力化し得るとされていた。

たしかに具合よく吃水線にでも命中しないかぎり撃沈するのは難しいが、〝無力化〟であればこのクラスの爆弾で充分であった。

スキップ攻撃用１トン爆弾でドイツのダムを攻撃した英空軍のアブロ・ランカスター爆撃機（上）と破壊されたメーネ・ダム。

しかし、この技術を習得していたパイロットの大部分もすでに引退し、もはや過去の戦術になってしまっているとも言えるだろう。

なお、このスキップ・ボミングから我々が学ぶべきことはなんなのであろうか。

まず最初に『柔軟な発想』で、こ

れは通常爆弾についてただ投下するだけでなく、航空機の運動エネルギーを利用している点がなんとも素晴らしい。

さらにまた、このアイディアの実用化に取り組み、それを完全に自分のものにするまでの『研究心、そして努力の評価』である。

残念ながら、このどちらも日本の軍人たちには全くなかったものというしかない。

ダンピールの戦いに驚き、早速その研究に着手しても中途半端に終わってしまい、戦果は皆無であった。

前述のごとく、場合によっては〝特攻〟に代わり得る可能性さえあったにもかかわらず……。

この点からは残念ながら、日本人の資質さえ疑わざるを得ないのである。

15——航空機搭載機関銃に関する三つの事例

機関銃の装備方法

空対空ミサイルＡＡＭの発達に伴い、航空機、なかでも戦闘機に搭載される機関銃／砲の数と種類は急激に減少しつつある。

かつては、イギリス空軍のホーカー・ハリケーン戦闘機Ｍｋ２Ｂのように、なんと一二梃の七・七ミリ機関銃を装備したものさえ登場した。

またアメリカ空軍のノースアメリカンＢ25双発爆撃機なども、機首に八梃の一二・七ミリ機関銃を取りつけている。

ところがＡＡＭが一般化すると、まず爆撃機から迎撃用の機関銃が消えていき、その後戦闘機の装備数も一梃のみの場合が多くなる。

現在の戦闘機はすべて口径二〇ミリないし、三〇ミリの一梃だけとなってしまった。

現実の問題としても、空中戦におけるこの兵器の使用例は皆無に近い。

空対空ミサイルの登場まで戦闘機の最も重要な武器は機関銃であった。写真は零式艦上戦闘機に搭載された99式20ミリ機銃。

一九九一年のイラク軍対多国籍軍、いわゆる湾岸戦争において、後者の戦闘機は三〇機のイラク軍戦闘機を撃墜しているが、このすべてが空対空ミサイルによるものであって、機関銃による戦果は全くないのである。

これでは機関銃の価値はゼロに等しく、わずかに地上銃撃に使えるだけと言ってもよい。

しかもこのような必要性もきわめて少なく、戦闘機の機関銃はいざという時のパイロットの気休め、とも思えるのであった。

一方、一九三九年から約六年間続いた第二次世界大戦の空中戦を振り返ると、機関銃こそもっとも重要な武器で、これなくしては戦闘機の存在もなかった。

しかしこの項のテーマは、機関銃そのものではなく、その装備方法に関するものである。

そこには思わぬ斬新かつ効果的なアイディアと、新しくはあるものの、全く役に立たなかった例が混在している。

なお機関銃、機関砲の区別については、各国の航空部隊によってそれぞれ違いがある。

日本陸軍では口径一二・七ミリ以上のものを機関砲、それ未満を機関銃と呼んだ。

海軍は口径にかかわらず〝機銃〟である。

これ以外にもいろいろな区分があるにはあるが、ここでは口径に関係なく「機関銃」として話を進めることにしたい。

新方式。しかし効果、全くなし

大戦が勃発してから一年後、西ヨーロッパの大部分を席巻したナチス・ドイツ第三帝国はついにイギリス本土を手中におさめようと動き出した。

そのための第一歩として、イギリス空軍の撃滅をはかって、大空襲を連続的に実施する。

一九四〇年の初夏から秋にかけてのこの戦闘は〝英国の戦い―バトル・オブ・ブリテン〟と呼ばれ、未曾有の大空中戦となった。

その最盛期は九月中旬で、この頃には一日当たりドイツ側一五〇〇機、イギリス側一〇〇〇機を繰り出し、秋晴れの大空に死闘を繰り広げるのである。

このBOBは最終的にイギリス空軍の勝利に終わり、本土は危機を脱する。

同時に二種の戦闘機、
・ホーカー・ハリケーン
・スーパーマリン・スピットファイア
は歴史にその名を深く刻んだ。

ところが、この陰に思わぬ形の戦闘機、ボールトン・ポール・デファイアントがあった。このDefiantとは、なんと形容詞で『挑戦的な、けんか腰の、反抗的な』といった、いかにも戦闘機にふさわしい意味である。

つまり非常に強そうな名前なのだが、実態は全く逆で、出撃のたびに大損害を被り、早々に第一線から引き揚げられてしまった。

しかもその原因は、なんと新方式の機関銃装備にあったという他ない。

デファイアントは、単発単葉の複座戦闘機であった。その特徴は、

・機首、主翼に機関銃がついていない。したがって前方の敵機を射つことができない

・その代わりに後部に七・七ミリ機関銃四梃を装備した回転銃座を持つ

というものである。

つまりこの戦闘機の攻撃方法は、敵機と平行して飛び、真横から相手を射撃する。

これこそ、敵機、とくに大型の爆撃機を相手にする時にはきわめて有効なシステムである

と、設計者は考えたらしい。

ともかく小口径ながら四梃の機関銃で思う存分、射撃できるのである。

しかし少しでも頭を使えば、当然次の事柄に気がつく。

・敵機が標的のごとく並んで、しかも水平に飛んでくれるはずがない

・重複するが、前方に敵機を発見しても、攻撃する方法がない

前方固定銃を廃し、機関銃４梃を備えた動力銃塔を持つデファイアント。

・重い四連装の機関銃を装着した回転銃座（動力で動く銃塔）を搭載しているため、運動性が悪く、敵の戦闘機はおろか爆撃機に接近することができない

このため、出撃しても敵機を攻撃するどころか、ドイツ戦闘機の絶好の標的となり、次々と犠牲が出てしまった。

デファイアントに対して後下方から襲いかかれば、この戦闘機はまさに鴨に等しいのである。

我々、素人が考えても、側方しか射撃できない戦闘機など役に立つはずがない、とすぐに分かるはずだが、イギリス空軍の航空機設計者、用兵者もデファイアントの開発、量産に踏み切っている。

さらに驚くべきことに、イギリス海軍の航空隊も、全く同じシステムを持つ、

ブラックバーン・ロック艦上戦闘機

を保有していた。これまた戦果を挙げ得なかったのは今さら記すまでもあるまい。

たしかにドイツ機、イタリア機を二、三機射ち落とし

た例もあるにはあったが、それだけのことである。

損害の方が圧倒的に多く、間もなく第一線を退き、訓練、標的曳航といった任務にまわされてしまった。

名機スピットファイア、モスキートを生み出し、新兵器レーダーを開発し、新手法オペレーションズ・リサーチ（作戦研究）を完成させたイギリス人たちが、なぜデファイアント、ロックの如き弱体かつ無用の長物を量産、配備したのか、まさに理解に苦しむのである。

成功した日本人のアイディア〝斜め銃〟

太平洋戦争がはじまってから終戦まで、日本の技術者、用兵者たちは全く新しい着想による兵器を誕生させたことがあるのだろうか。

多分皆無といえそうだが、その例外中の例外がここに紹介する機関銃装着の特殊な形〝斜め銃〟である。

これだけではなんのことかさっぱり判らないので、別掲の図を見ていただきたい。

単発機、双発機を問わず、乗員室《コクピット》の後方、胴体の上部に、水平から三〇度の角度をもって二梃の機関銃が取りつけられている。

これが斜め銃であるが、いったいこの機関銃はどのように使われるのであろうか。

これを装備するのはすべて夜間戦闘機であって、夜の闇にまぎれてアメリカ軍の大型爆撃機の腹の下へ潜り込み、平行に飛びながら斜め銃を発射するのである。

夜間戦闘機月光21型の武装配置図

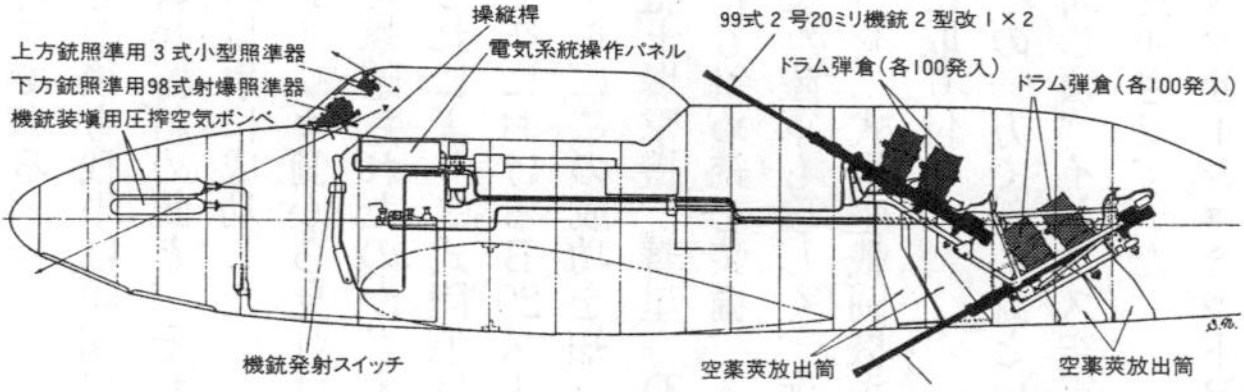

作図・野原茂

時には昼間の戦いに投入されることもあったが、やはりその実力は夜間にこそ発揮される。

この斜め銃の発案者は、ニューブリテン島のラバウル基地にいた小園安名海軍中佐であった。

彼は連夜来襲する、

ボーイングＢ17フライング・フォートレス

コンソリデーテッドＢ24リベレーター

といった四発爆撃機に手こずっている戦闘機隊の現状を知り、このアイディアを思いついたと伝えられている。

このような少々邪道とも言い得る兵器であり、本当に役に立つのかどうか、最初のうち誰もが疑問視していた。

しかし、中佐が強引に二機の二式陸上偵察機に装備して迎撃戦闘に投入してみると、それは思いもかけず大きな戦果を挙げることになる。

昭和一八年五月二一日、二〇ミリ機関銃二梃の斜め銃をつけた二式陸偵改造戦闘機は、ラバウル基地の上空でＢ17二機を見事に撃墜した。

これは地上の兵士たちの眼前であったため、士気は一気に高まったのである。
その後も戦果は順調に伸び続け、一ヵ月の間に四発爆撃機一〇機以上を射ち落としている。新兵器斜め銃と、それを使って敵機を真下から攻撃するという新戦術の組み合わせは、ものの見事に成功した。
アメリカ側から見れば、まさに思ってもみない位置から襲われた形になり、しばらくの間、なぜ撃墜されたのかさえ分からなかった。
これにより二式陸偵は本格的な夜間戦闘機月光となり、B17、B24ばかりではなく日本本土上空におけるB29スーパー・フォートレスの迎撃にも活躍する。
さらにこの成功を知り、海軍では、
艦上爆撃機　彗星　D4Y
にも斜め銃を装備、夜間戦闘機としている。
また陸軍も珍しく、海軍の開発したこのシステムを導入し、
川崎二式複座戦闘機キ45　屠龍《とりゅう》
に取り付けた。
その一方で斜め銃という海軍の呼び方を使わず〝上向銃〟としている。
同じ頃、イギリス空軍の夜間空襲に苦しめられていたドイツ空軍も、全く同様の装備方法を誕生させていた。
メッサーシュミットBf110双発戦闘機の後部の座席を取りはずし、ここに二〇ミリ機関銃

二梃を上向きに装備したのである。

ただし角度は、日本の三〇度に対してその二倍六〇度前後であった。

加えて時期としては、ドイツの方が数ヵ月早かったが、アイディアとしてはそれぞれ別に生まれたものである。

ドイツの夜間戦闘機の一部はこれによって大きな戦果を挙げたため、上向銃はすぐに広く使われることになった。Ｂｆ110のほか、

ドルニエＤｏ217　爆撃機改造戦闘機

ユンカースＪｕ88　夜間戦闘機

などが新たにこれを装着し登場した。

なおドイツ空軍は、このシステムに

〝シュレーケ・ムジーク〟（狂った音楽——ジャズの初期の呼び方）

と名付けている。

これらの夜戦のいずれもが、索敵用レーダーと上向銃を併用したため、イギリス軍爆撃機に対して恐ろしい敵となった。

一機のＢｆ110がこれを駆使して、一夜のうちに四

コクピット後方に斜め銃を装備した日本海軍夜間戦闘機月光。写真の機体には20ミリ３梃が取り付けられているのがわかる。

機の四発爆撃機を撃墜した例も伝えられている。
このように遠く離れたアジアとヨーロッパで、同じ枢軸側の空軍が全く同じ技術と戦術により戦果を挙げるという希有な例が生まれた。
しかしながら、この斜め銃、上向銃ともにやはり本筋とは言えないものであった。
高性能、かつ強力な武装、レーダー装備の機体、そしてよく訓練された乗員が揃いさえすれば、このシステムは不要なのである。
事実、最新鋭の夜間戦闘機について、
川崎キ108(試作)
ハインケルHe219ウーフー
などには、これを装備する計画はなかった。
それでもこの斜め銃のアイディアは、保守的な軍人たちのなかから生まれた画期的な攻撃方法であった。
この意味から軍事史上で特筆されるべきなのである。

大きな誤算。機関銃なしの戦闘機

一九五八年九月、台湾海峡をめぐる戦いで台湾空軍は史上初めて空対空ミサイルAAMを使用した。
アメリカ製のAIM9サイドワインダーを十数発発射し、中国空軍のミグ戦闘機を複数撃墜したのである。

このとき、台湾側は「一三機を射ち落とし、自軍の損失なし」と公表したから、ＡＡＭという新兵器の威力は各国を驚かせた。

銃・砲を持たず配備された戦闘機F4ファントムⅡ(上)と原子力巡洋艦ロングビーチ。ミサイル万能時代の落とし子である。

本当のところは、ＭｉＧ17一機が墜落、一機が損傷したのみであったのだが、世界は台湾側の発表を信じてしまった。

これに影響を受け、超大国アメリカの関係者もまたＡＡＭ万能論に取りつかれることになった。

このような状況の中で、空軍、海

軍、海兵隊が共用する次期戦闘機、マクダネルＦ４ファントムⅡが開発される。

本機（Ｆ４Ｂ）の武装はサイドワインダー、ＡＩＭ７スパローなどのミサイルだけで、機関銃を全く持たなかったのである。

この意味からは、まさに革命的な戦闘機という以外になく、技術者、用兵者、そしてパイロットたちもこれで充分と考えていたのであろう。

しかし一九六〇年代に入り、ベトナム戦争が本格化、アメリカ軍戦闘機と北ベトナム（当時）空軍機との空中戦が頻発するようになる。

Ｆ４はこのさい、搭載しているＡＡＭを射ちまくるが、まだまだこの兵器の信頼性は高いとは言えず、命中率は低かった。

さらにＡＡＭは射程こそ長いが、いったん格闘戦／ドッグファイトのような空中戦になるとまったく使うことが出来ない。

フルパワーでの急旋回が連続した場合には、発射不能となり、仮りに射ち出されても強いＧ（重力。重さとしてかかる力）のため正確に作動しないのである。

またＦ４Ｂは地上に置かれた敵の戦闘機を発見した場合でも、これを破壊することができなかった。

このような事実は、あらかじめ充分予想できたはずなのに、アメリカ軍の主力戦闘機は機関銃を持たないまま配備されたのであった。

これこそ、新しい兵器システムの大失敗の好例といえよう。

F4ファントムものちになって、まずポッド式の二〇ミリ機関銃が装備され、以後のタイプには最初から二〇ミリ（バルカン）機関銃の機内搭載となった。

なおアメリカ海軍は、艦艇についても同じ誤りを繰り返している。

最強の原子力巡洋艦ロングビーチ　CGN9

も、竣工時にはその兵装はミサイルだけであった。

しかし、これでは艦砲による砲撃も、また不審船を臨検のために停船させることも出来ないのである。

ベトナム沿岸を航行している五〇トン程度のジャンクを停船させようと、対艦ミサイルを発射するのは、どう考えても、

『牛刀をもって鶏《にわとり》を裂くどころか、雀《すずめ》を裂く』

といった感を免れない。

兵器の設計者も用兵者も、時々このような素人でもすぐ分かる誤りをおかすという事実を、我々は覚えておいた方がよさそうである。

16――ヘリコプター空挺／ヘリボーン

ヘリコプターの誕生から実用化まで

現代の日本にはヘリコプターが溢れている。

三つの自衛隊、そして警察、海上保安庁がもつその合計数は約一〇〇〇機だが、民間のヘリもまた多数揃っている。

そしていつの間にか、数的にはセスナに代表される小型固定翼機を追い越してしまい、一五〇〇機に近い数となった。

回転する翼を持ち垂直離着陸可能なこの航空機の登場は、第二次世界大戦のまっ只中であった。

それまで各国で研究されていたオートジャイロ／ジャイロプレーンから発達し、アメリカ、ドイツでは実用化の一歩手前まで進歩する。

オートジャイロが短いといっても数十メートルの離陸滑走距離を必要としたのに対し、へリコプターはその場からテイク・オフができ、この違いはきわめて大きい。
その後、朝鮮戦争（一九五〇〜五三年）における活動状況によって、この新しい航空機は確固たる地位を得たのであった。
さらに一九六〇年代の前半、原動機がピストンからタービンに代わったこともあって、性能、信頼性とも格段の飛躍を遂げている。
同時に兵器としての利用も本格化し、一九六一年にはじまったベトナム戦争では主としてアメリカ軍によって数千機が運用された。
ここではこの画期的な航空機と、それを用いた新戦術ヘリボーンHeli-borneについて調べていくことにする。
この-borneは連結語で、先に〇〇によってという言葉がつく。
Airborne：Aircraftborne 空挺＝航空機によって運ばれる（部隊）
Heliborne：Helicopterborne　ヘリボーン＝ヘリコプターによって運ばれる（部隊）
といった具合に使われるのが普通である。
またアメリカ陸軍では、
Airmobile　空中機動
と呼ばれることもあるが、ここではヘリボーンで統一し、話を進めていこう。

ヘリボーンの誕生

遠く離れた狭い場所に、迅速に人員を送り込むことが可能であれば、用兵者たちが、その手段に目をつけるのはごく自然であって、ヘリコプターの実用化と同時にこれを使った作戦を思いついたに違いない。

アメリカ軍がベトナム戦争に投入した輸送ヘリコプター CH21。
本機の登場によって、はじめて「ヘリボーン戦術」が実現した。

しかし、初期のヘリコプターの搭載量はかぎられており、実質的には、

バートルCH21　エンジン出力一四〇〇馬力、輸送兵員二二名

が現われるまでは、不可能であった。

アメリカ軍は正式名称ワークホース（働き馬）、愛称〝空飛ぶバナナ〟と呼ばれた本機の出現を待って初めてヘリボーン構想を実現させたのである。

そしてこれを、次第に本格化しはじめたベトナム戦争で試してみることにした。

その戦闘とは、

アプバクの戦い　一九六三年一月二日

であり、南ベトナム軍兵士四〇〇名が、アメリカ人パイロットの操縦するCH21二〇機でメコンデルタ地帯の一角に降り立ち、ベトナム民族解放戦線ゲリラと

戦ったのである。

ただしこの戦いはヘリボーン単独の作戦ではなく、地上部隊との協同で行なわれた。結果は一応の成功と評価されたが、CH21の五機が撃墜され一一機が損傷し、必ずしも満足するものではなかった。

最初の戦闘で早くも、ヘリコプターの脆弱性《ぜいじゃく》が明確に表われたという他ない。ともかく大きな図体で敵地の奥深くまで侵攻し、しかも空中、地上に停止して兵員や物資を降ろすのであるから、目標になり易いのである。

しかも防弾装備もほとんどなく、小火器の射撃によっても大きな損害を受けかねない。のちの軍用ヘリに関してはそれなりの装甲が施されるが、それでもなお脆弱性の問題は尾をひくことになった。

大規模ヘリボーンの開始

アプバクの失敗にもめげず、アメリカ陸軍は南ベトナム軍と協力して、ますますヘリボーンへの傾斜を深めていく。

戦う相手が神出鬼没のゲリラということもあり、どうしても捕捉しようとする側が機動力を持たなくてはならない。

さらに敵の行動を把握するとなると、上空からの監視がもっとも有効と言い得る。

しかも時期としては続々とタービン・エンジン装備の新機種が出現し、ヘリボーン戦術がやり易くなっていた。
とくに汎用／万能ヘリコプターの
ベルＵＨ１イロコイシリーズ
によって輸送と攻撃が同時に可能となる。

ベル UH1によるベトナム戦争中のヘリボーン作戦(上)。本機によってヘリボーン戦術は確立された。下写真は UH1の部品を流用して開発された攻撃ヘリAH1ヒューイコブラ。

なお、このUH1は現在でも生産が続けられ、民間、軍用合わせると一万機近い数を誇る傑作機である。
このヘリの登場によって、ヘリボーンが確立されたといっても決して過言ではない。一九六〇年代の中頃から、アメリカ／南軍は一度に一〇〇〇機以上のヘリが参加する作戦を次々と実施する。
さらには攻撃専用の強力な
ベルAH1ヒューイコブラ
が登場、固定翼機のエスコートがなくても敵地への侵攻が容易になった。
AH1は、UH1の部品を多数流用し、短期間で開発されていながら、きわめて高性能の攻撃ヘリコプターに成長する。
最初のうちUH1（B）が武装ヘリコプターとしてこの任務に当たっていたが、充分な装甲も持たず、さらに火力不足であった。
それに代わる〝攻撃専用〟のコブラは、この戦術の有効性を一挙に高めた。
また極めて大きな輸送能力を有する、
バートルCH47チヌーク
の登場により、一時に投入できる兵員数も増加の一途を辿った。加えてこれまで不可能だった一〇五ミリ砲、小型ボートPBRも空中輸送できたのである。
さらにまとまった兵力として一コヘリコプター中隊一六機のチヌークは、一度の輸送で一コ歩兵大隊約八〇〇名の歩兵を戦場に運んだ。

したがって中規模の戦闘が可能となり、これがアメリカ軍の、サーチ・アンド・デストロイ（Search and Destroy 索敵・撃滅）作戦に結びついた。

輸送能力の大きなバートルCH47チヌークの出現で一時に投入できる兵力は格段に増加した。写真は陸自第１ヘリ団所属機。

　このため一九六八年頃まで、ヘリボーン戦術は用兵者の思惑どおりの戦果を挙げ得たのである。

　ゲリラ部隊を探し出し、まず戦闘爆撃機を使って打撃を与え、その直後にヘリボーンを実施する。

　これによって南ベトナムの戦況は、アメリカ、南ベトナム軍に有利に傾いた。

　しかし、打撃を受けた共産側、特に南ベトナム領内に侵攻してきた北ベトナムＮＶＡは、旧ソ連、中国から供与された大量の対空砲を持ち、徐々にヘリボーンに対抗するようになる。

　また戦場の大部分が濃密な密林地帯であったことも、アメリカ軍に不利に働いた。

　ともかく上空から地表の敵がほとんど見えず、さらにヘリコプターの着陸地点（ＬＺ：ランディング・ゾーン）もないのである。

これと同時に、ゲリラと一般住民の区別がつきにくかったことも、マイナスに作用した。もし戦場の地形がジャングルでなく、また敵が正規軍のみであったなら、このヘリボーン戦術はずっと効果的であったに違いない。

ヘリコプターという全く新しい輸送、移動手段を得ていながら、その新戦術はそれがもっとも苦手とする場所で試されたのである。

そして一九六〇年代の終わりから七〇年代の初頭にかけて、大ヘリコプター部隊と対空陣の死闘が繰り広げられた。

史上最大のヘリボーン作戦　その失敗と成功

数百機のヘリコプターを投入した〝超〟大規模ヘリボーン作戦を実施できるのは、今のところアメリカ軍しかない。

これは保有している機体の数を調べればすぐにわかることで、
○アメリカ陸軍の第一騎兵師団
人員約一万五〇〇〇名、ヘリコプター四四〇機
○日本の陸上自衛隊の第一ヘリコプター団
人員約一二〇〇名、ヘリコプター四〇機、そのうち大型輸送ヘリ三〇機
と、その差は大きい。つまりベトナム戦争当時の第一騎兵師団は第一ヘリコプター団の一

○倍以上の戦力であった。

しかも日本では〝第一〟となっているが、第二以下はなく、これだけである。アメリカの場合、一般の師団（現在一三コ）でも、第一ヘリコプター団をはるかに上まわる回転翼機を有しているから、総数を比較すれば、我国の三〇倍と考えられる。

それではこれらヘリコプターの大集団を駆使して行なわれた作戦の、失敗例と成功例を見ていくことにしよう。

第１騎兵師団（ヘリコプター強襲師団）の装備ヘリコプター

部隊／機種	強襲大隊	強襲支援大隊	空中砲兵連隊	空中騎兵大隊	支援中隊	医療大隊	整備大隊	予備	小計
輸送 UH1	60機×2			20	16	12	8		176機
攻撃 AH1	12機×2		43	38				6	111機
観測 OH6	3機×2	3	12	30	10		8	24	93機
大型輸送 CH47		47							47機
重輸送 CH54		4							4機
小計	150機	54	55	88	26	12	16	30	431機

注）1969年初頭における保有数。強襲ヘリコプター大隊は２コ大隊編成。
UH1：ベルUH1イロコイ、乗員２、兵員14名（汎用、軽攻撃）
AH1：ベルAH1コブラ、機関砲１門、ロケット弾76発（攻撃専用）
OH6：ヒューズOH6、乗員２、機関銃２門（観測、軽攻撃）
CH47：ボーイングCH47、兵員30〜55名（輸送専用）
CH54：シコルスキーCH54、重量物最大10トン（重貨物専用）
なお固定翼機の配備は不明

㈠　失敗例

ラムソン719作戦　一九七一年二月〜三月

南ベトナム軍の兵士二万名が、地上と空中から北ベトナム軍の聖域となっていたラオス領内へ侵攻した作戦である。

地上戦闘は南軍が受け持ち、空輸と航空攻撃をアメリカ軍が担当する

ベトナム戦争におけるアメリカ軍のヘリコプターの損失

	戦闘損失	運用損失	合　計
陸　軍	2246機	2075機	4321機
海　軍	13	35	48
空　軍	58	18	76
海兵隊	270	154	424
合　計	2587	2282	4869
比　率	53.1%	46.9%	100%

注）戦闘損失 Combat Loss：戦闘による損失
運用損失 Operation Loss：事故による損失

ことになっていた。

アメリカ軍は七一六機という大量のヘリコプターを動員し、まさに史上最大のヘリボーンを実施する。もちろんボーイングB52爆撃機をはじめとする、多数の固定翼機が支援の攻撃を行なう。

このような準備とその戦力を見ると、これに対抗できる敵軍など存在し得ないと思われた。

しかし――。

前年のカンボジアをめぐる戦闘で敗北をきっしていた北ベトナム軍、解放戦線は、その教訓を生かして反撃体勢を整えていたのである。

自然の地形をうまく利用して三七、五七、七五ミリの対空砲数百門を用意し、またヘリボーン部隊が保有できない戦車さえ揃えていた。

作戦がはじまると、南ベトナム軍をいったん自軍の近くまでおびき寄せ、その後LZを次々と攻撃する。

このため敵地に侵攻したものの、後続部隊、補給が不可能となり、作戦発動から一〇日もたつと南軍の損害は続出しはじめた。

また多くの攻撃ヘリがエスコートしていたにもかかわらず、図体の大きな輸送ヘリコプターは対空砲火の目標になる。

結局一ヵ月後、南軍は撤退しはじめ、アメリカ軍は彼らを救うために奔走するのであった。

このようにして最大のヘリボーン・ラムソン719は完全な失敗に終わり、ヘリコプターの損失はなんと一〇七機、つまり参加機数の一五パーセントにのぼっている。

これには戦闘損失、運用損失の両方が含まれているが、あまりに大きい数字であった。

湾岸戦争でもヘリボーン戦術は大規模に実施された。写真はサウジアラビアの基地から出撃するアメリカ海兵隊のヘリ部隊。

㈡　成功例

一九九一年の春、イラク軍と多国籍軍の間でいわゆる〝湾岸戦争〟が勃発した。この戦争は、
約一ヵ月にわたる空爆
その後の一〇〇時間だけの地上戦
によって多国籍軍の勝利に終わった。
この地上戦の第一日目、第一八空挺軍団（アメリカ軍主力、フランス軍補助）は、イラク領内八〇キロのアスサルマン近郊に大ヘリボーンを実施する。
目的はこの地の敵軍を排除すると共に、攻撃支援、補給基地ゴールドを設定することにあった。

攻撃の主役は第一〇一空挺師団のＡＨ64アパッチ（約五〇機）で、これがまずイラク軍の陣地を破壊する。さらには空軍の戦闘爆撃機がこれに加わり、約三〇〇〇名の敵軍を完全に制圧した。

このあと、実に三〇〇機からなる輸送ヘリコプター（ＵＨ60、ＣＨ47など）が四コ歩兵大隊、一〇五ミリ砲八門などを運び込み、基地の確保に乗り出す。

イラク兵たちは猛烈な攻撃に四散逃走し、間もなく予定どおりにゴールドが完成する。

作戦開始からこれまでわずか一二時間で、砂漠の中に直径三キロの大基地が生まれたのであった。

そして二四時間以内に運ばれた資材の量は、実に二四〇〇トンにのぼっている。

なお損害はヘリコプター一機のみ。

イラク軍はヘリボーンに先だって行なわれた激しい空爆で、すでに戦意を失っていたが、それにしても見事なヘリコプター部隊の行動であった。

○総括

ここで掲げた以外にも、アフガニスタン戦争（一九七九〜八八年）では旧ソ連軍がイスラム・ゲリラに対して頻繁にヘリボーンを実施している。

さらには国連ＰＫＦ・平和維持軍も、世界各地でこの戦術を展開した。

それらには前述のごとく成功も失敗もあり、画期的な機動戦術とは言いながら、諸条件によりその効果は絶対的なものではない。

特に地形、敵の対空戦闘能力によって大きく左右され、したがって事前の状況把握が必須といえる。また日頃からヘリボーンについての研究を深め、ともかく自軍の損害の減少に努めるべきであろう。

この努力なしに実施すれば、必ず失敗に至るという教訓を、これまでの戦史――なかでもベトナム戦争におけるアメリカ軍ヘリコプターの損失数――が教えてくれているような気がするのは、一人著者ばかりではあるまい。

17――OR／オペレーションズ・リサーチ

問題解決のための方法

ここで紹介するのは、一般的に言われている新兵器でも新戦術でもなく、なんと説明してよいのか、あるいはどのような分野に属するのかもわからないものである。

原語は、Operations Research：ＯＲ

オペレーションズ・リサーチ

で、時には作戦研究と訳される。しかしこれだといかにも軍事の専門用語のように思われるが、後述のごとく経営、行政にも用いられるから、この訳語がすべてを言い表わしているわけではない。

この点に関しては追々明らかにしていく。

簡単に説明すれば、第二次世界大戦の直前にイギリスの科学者たちが編み出した、

『問題解決のための手法』

で、それは陸軍の数コ師団、海軍の戦艦二、三隻、空軍の軍用機数百機に相等する効果を発揮するのである。

高性能の戦闘機、戦艦、戦車、といった新兵器、あるいは電撃戦などの新戦術などとは全く異なるものではあるが、その一方で日本政府はもちろん軍部なども思いもつかないアイデイアであり、まさに、

「イギリスとイギリス人、恐るべし」

との感を我々に抱《いだ》かせる。

なぜなら、わずか二〇人程度の民間人の頭脳が、ドイツ空軍ルフトバッフェの野望やUボートの活躍を見事に封じ込めたのであるから……。

さらに戦争におけるもっとも重要な決定を、民間人にまかせたイギリス首脳陣の度量の大きさもまた感動的といえ、日本をはじめ軍事大国であったドイツでもこの採用はとうてい不可能といえる。

少々評価が高すぎるかも知れないが、国家の〝民主度〟の違いが、実戦のさいのORの効果を見れば如実に思い知らされるのであった。

○オペレーションズ・リサーチの定義

ORの厳密な定義はないといってよく、またそれだからこそ柔軟な発想が生まれる。

しかし、多少なりとも定義らしきものをまとめておかないと、はじめてこの言葉を聞いた

者には全く見当がつかない。

このためいくつかの教科書から抜粋してみよう。

『作戦、施策、行政、経営などに関する問題を解決するため、数学的、科学的な方法を駆使する。その過程で数式、各種の道具、シミュレーション（模式）を用いる。

また人や物、現象などを個別に分離して研究するのではなく、ある目的に対してもっとも効率、都合のよい条件を数量的に表現する』（原田、近藤、松田らの研究）

かなり難しくなってしまったが、いってみれば、

『目的達成のため、数理科学を徹底的に利用する』

ということなのである。

本書ではもっぱら軍事面のみを取り上げているが、ＯＲの手法は戦後に至ると、
・企業の経営管理、在庫管理、製品開発
・行政の迅速化、簡易化
からはじまり、簡単な例では病院の外来の待ち時間の短縮にまで応用されている。

またこのオペーレーションズ・リサーチの発案者であるブラケットは、希有な才能の持主で、多方面で呆然とするほどの業績を残し、二〇世紀を代表する科学者であった。
・宇宙線、放射線の研究でノーベル賞を受賞
・社会、とくに労働運動の指導者として著名
・防衛、戦争研究でも多くの著作を残す

なかでも一九六二年に刊行された、

『戦争の研究 Stadies of War』はこの分野における歴史的な名著との評価を得ている。

○英ORチームの人員構成

第二次世界大戦の勃発と同時に結成されたORチームの人員の構成は、

物理学者P・M・S・ブラケット

を長とし、以下の人々からなっていた。

生理学者 三名

数理学者 二名

天文物理学者 一名

数理物理学者 二名

一般物理学者 一名

測量計算技師 一名 民間人合計一一名

陸軍、海軍、空軍の士官 各三名

これに事務員が加わり、総員二〇名である。

彼らは、その目的を不明確なままにしておくため、たんに〝ブラケット・サーカス〟と呼ばれた。

この〝ブラケット〟は委員長の名であったのだが、多くの人々は〝Blanket 毛布〟と聞き間違えて、ブランケット・サーカスと呼んだため、ますますなんのことかわからない謎めいたグループとなった。

そしてまたイギリスはこの間違いを、秘密保持の立場からあえて訂正しなかった。著者もまた見事にだまされた一人である。

この分野での研究はなんといっても、イギリスが圧倒的に先んじており、他国の追随を全く許さなかった。アメリカ軍でさえこれに取り組んだのは、

陸軍　一九四八年

航空隊　一九四二年

海軍　同

であったから、少なくとも三年早い。

戦争のさい、物理学、数学、生化学などがいったいなんの役に立つのか、といった疑問が当然ながらイギリス政府首脳の間に浮上した。

しかしわずか一年後には、ＯＲチーム・ブラケット・サーカスは参加している本人たちが驚くほどの成果を挙げるのであった。

なおチーム運用の第一のルールは、

民間人が主、軍人が従

で、これこそ成功の鍵と伝えられている。

英国の戦いの成功

○バトル・オブ・ブリテン（ＢＯＢ）における迎撃戦闘機隊の運用

この戦いは一九四〇年の初夏から秋にかけての、ドイツ空軍対イギリス空軍の大航空撃滅戦であった。数的に不利であった英空軍は、フランス中部、北部、そしてノルウェーから来襲する敵の大編隊の迎撃に東奔西走していた。

ようやく実用化されていたレーダーによって、敵の位置を知ることはできたが、それとは別に、防衛の優先順位をどうすべきか、という問題に直面していた。

一年前から動きはじめていたブラケット・サーカスはすぐにこれに取り組み、

㈠航空基地　㈡航空機工場　㈢燃料貯蔵施設～二〇番目には陸軍基地

といった具合に答えを出し、これを政府に提出している。

さらにこのように決定した理由を詳細に述べ、順位を変更した場合の近未来予測まで添付されていた。

したがってイギリス首脳はこれにしたがい、戦闘機の配置を決定したと伝えられている。

また対空砲、防空（阻塞）気球の設置場所に関しても、それらがもっとも有効に働くようアドバイスを与えている。

これによってイギリス空軍のホーカー・ハリケーン、スーパーマリン・スピットファイア戦闘機に加えて、数百門の高射砲もその能力を充分に発揮し得たのである。

英本土上空のスピットファイア。ORチームは効果的な防空態勢を進言した。

これだけではなくブラケットらは、量産する戦闘機の種類に関しても分析を行なった。

そしてタイフーン、テンペスト両新型戦闘機の開発・配備よりも、スピットファイアの改良と大増産を進言した。

事実、二種の戦闘機の性能、信頼性とも決して高いとは言えず、イギリス空軍は最後まで彼らが〝スピッティ〟と呼んだ航空機を生産し続けるのであった。

彼らの中に専門の航空技術者は加わっておらず、これでこの種の判断が可能だったのか、といった疑問は残る。

しかし、結果から見ればホーカー社の開発したタイフーン、テンペストは傑作機とはほど遠く、スピットの性能向上、大量生産は正しかった。

このおり、ブラケットらは、スピットの持つ余裕性能（マージン・パフォーマンス）を見抜いていたのかも知れない。

船団護衛とUボート対策

イギリスにとって最大の脅威は、なんといっても通商破壊に全力を傾注してくるUボートであった。ドイツ空軍の爆撃など、これと比べたらきわめて小さな効果しかなく、その被害も許容範囲である。

その一方で島国であるイギリスに、食糧や燃料が入ってこなくなったときこそ、大英帝国の崩壊の危機といえた。

それを熟知しているから、ドイツ海軍は〝灰色狼たち〟を駆使してイギリスに向かう大船団を痛めつけているのである。

一隻の輸送船が沈められれば、平均的に三八〇〇トンの資材、物品が失われる。

また一日当たり少なくとも一五万トンがイギリスの港に入らなければ、この国は干上がる。

したがって、

輸送船団《コンボイ》の安全確保

Uボートの制圧と撃沈

が、イギリスの生存と戦争の勝利への鍵となる。

ブラケット・サーカスがその能力を最大に見せつけたのが、この問題の解決であった。

彼らは頭脳を振り絞り、対策を練った。

同時に数十人の専門家を呼び集め、ブレーン・ストーミング（自由討論）を行ない、目的達成への道をさぐった。

ここでORの手法が次々と更新され、新しい方針が打ち出されていく。

㈠　コンボイ・エスコートについて、

船団の適正規模の決定

出港する間隔の検討

Uボートから身を隠す最適なコースの選定

護衛艦と救助船の位置の最適配置

魚雷の回避方法

などが徹底的に議論され、結論が出るとすぐに海軍に伝えられた。

とくに船団の規模（ひとつの船団に属する船の数）を大きくすると、確実に被害が減少することを突きとめている。

㈡　潜水艦掃討について、

対潜兵器の能力の向上

その数学的な運用

新型対潜兵器の開発

対潜掃討チームの効率化

航空機との連係

などをすべて見直した。なかでも数学的手法にのっとった運用により、旧式の兵器でも格段に威力が向上し、Uボートの制圧に大きな効果を挙げている。

この実例をひとつ挙げると、従来の対潜水艦用爆雷の爆発深度設定である。高射砲の砲弾と同様、これも発射直前に爆発の位置（前者では高度、後者では深度）を調整するのだが、これまではすべて艦艇乗組員の勘《かん》に頼っていた。そのため、Uボートの撃沈に成功しても、また失敗しても、その分析が行なわれないままであった。

ORグループは、数理統計学の短時間未来予測に加えてガウス分布（標準偏差）法を取り入れ、敵潜水艦の発見、潜航時間から逆算した深度調整の数表を配布した。乗組員はこれを見ながら、必ずストップウォッチを携行し、爆雷を投下、発射するさいは数表の数字に合わせて爆発深度を決定する。

これによって爆雷の性能が同じであっても、その効果は一五ないし一七パーセント増加したのであった。

また統計的に考えて、全く効果のない投射の条件を示し、爆雷を温存するように指導している。

すべての対潜艦艇は、常に爆雷の不足に悩まされていたから、この措置は大いに歓迎される。

ブラケットと彼のスタッフたちは精力的に活動を続け、これ以外にも数々の分野で連合軍の勝利に貢献している。それらは、

・戦略爆撃の目標の選定
・ドイツの交通網の弱点の洗い出し
・迎撃戦闘機に対抗しやすい編隊の組み方の発見

など、その数は三〇以上に及んだ。

そのほとんどが、これまで全く存在しなかった方法で、これにより連合軍は戦果を拡大し、損害を減少させることが出来た。

私事にわたるが、著者ははじめてこのオペレーションズ・リサーチという手法を大学で学んだとき、非常に深い感銘を受けた。

最初は経営、在庫管理のひとつの方法として教えられたのだが、これが生まれたきっかけは、一九三〇年代の終わりにヨーロッパに漂いはじめた戦争の兆しであった。

具体的に感動したのは、

㈠　政府首脳が戦争中の重大な決定を民間人に委ね、また軍人たちも

Uボートへの爆雷攻撃。ORの手法は英国海軍の対潜水艦戦にも大きな効力を発揮した。

一見素人である彼らの指示に従ったこと

(二) 国力、特に生産力などとは無縁の、つまり頭脳を駆使することによって、勝利への確率を高め、損害を受ける可能性を減らし得たこと

の二点である。

太平洋戦争の中期以降、日本の輸送船団はアメリカの潜水艦隊により壊滅的な、繰り返すがまさに壊滅的な打撃を受けてしまった。

船員、護衛艦の乗組員が全力を傾注して戦い続けた事実は充分に評価しなければならない反面、船団を編成し、それを送り出す側にはこれといった工夫は見られなかった。

もちろん民間の数学者、物理学者を動員して、対策会議の席上で議論させることなど、思ってもみなかったに違いない。早くから彼らの協力を求めておけば、種々の点で広義の戦力の向上、損害の減少に役立ったのである。

この点において、日本の軍部、いや日本という国と日本人はもちろん、あのドイツさえイギリス、アメリカに遅れていたという他ない。

唯一の救いは、戦後の日本人がＯＲとこれから派生したＱＣ（品質管理）理論の価値を素早く読みとったところにある。

これによって我国の自動車、造船、電気製品などは一躍世界の市場を席巻する。

この意味から第二次大戦の敗北の原因をもっとも真摯に学びとったのは経済人と技術者であり、政治家、官僚、公務員、そして一般国民などは決して充分とは言えないのであった。

18——落下タンクの実用化

ルフトバッフェ最大の敗因
　航空用エンジンの信頼性が増すにつれ、
○滞空時間を延ばす
○航続距離を伸ばす
　という要求が当然生まれてきた。

　これが実現すれば、たとえ一機の戦闘機、爆撃機であってもその果たし得る任務の幅は大きく広がり、また用途もずっと増える。

　そのための手段としては、もっぱら機内の燃料タンクの容量を増やすことに目がいったままであった。

　しかしその後状況は大きく変わり、新しい装置と方法が誕生する。これら、
○第二次世界大戦直前から実用化された落下式燃料タンク

○滞空時間、航続距離を無限にのばすことが可能な空中給油について見ていくことにしよう。

いずれも新兵器、新戦術そのものではないかも知れないが、システムとして考えればその一端を担うことに間違いはないのである。

ここではまず簡単な装備ながら、軍用機、とくに戦闘機の航続、滞空性能を大幅に向上させた『落下式燃料タンク』を取り上げる。

日本海軍の零式艦上戦闘機は、太平洋戦争勃発の直後から、きわめて大きな航続性能を見せつけ、アメリカをはじめとして世界の航空関係者を驚かせた。

その第一撃は、台湾の基地から離陸し、フィリピンのマニラ周辺のアメリカ軍飛行場への攻撃であった。

この距離は直線でちょうど一〇〇〇キロ（高雄―マニラ間）もある。零戦隊はこれを往復するだけでなく、アメリカ軍機との空中戦も行なっていた。

したがってこれを含めた換算航続距離といったものを考えれば、最大三〇〇〇キロの飛行が可能であった。

零戦の航続距離は普通一八〇〇～一九〇〇キロだが、三三〇リットルの落下タンクにより五〇パーセントの延伸が可能となる。

約一年半前に、イギリス空軍とドイツ空軍は、英本土上空決戦〝バトル・オブ・ブリテン〃を戦っていた。

　ドイツ空軍ルフトバッフェは、戦闘機Ｂｆ109を占領下のフランスから爆撃機Ｈｅ111とＤｏ17などをノルウェーから送り込んでいる。

　このさいＢｆ109は、フランス（カレー、ルーペなど）を飛び立ちロンドン上空に達し、そこで空中戦を行なうことに四苦八苦していた。

　カレーとロンドンの間はわずか一二〇キロしかない

落下タンクを装備、長大な航続距離を誇る零式艦上戦闘機21型(上)と、英国上空の戦いで常に航続力不足に悩まされたBf109。

にもかかわらず、Ｂｆ109の航続力ではこれでも苦しかったのである。
○離陸して高度をとり、編隊を組む
○爆撃隊と合流して、イギリス上空に侵入
○イギリス戦闘機と激しい空中戦を行なう
○離脱して帰還、基地上空へ戻り、順番を待って着陸
となると、少なくとも距離に換算して一〇〇〇キロ程度を飛行しなくてはならない。

ところが、Ｂｆ109Ｅの航続力はなんと五七〇キロで、零戦の三分の一であった。

しかも落下タンクが用意されるのは、かなり後のことになるので、仕方なくこの条件で闘わなくてはならなかったのである。

したがってＢｆ109がロンドン上空に滞空できる時間は、一五分前後、条件が良くても二〇分といった程度と考えられる。

つまりロンドン上空でイギリス空軍のスピットファイア、ハリケーン戦闘機と空中戦に入ったとたん、帰りの燃料が気にかかるのであった。

このＢＯＢでは、約三ヵ月間に五五八機のメッサーシュミット戦闘機が失われているが、このうちの二〇～二五パーセントはイギリス機に撃墜されたのではなく、燃料切れにより不時着したのである。

このことがＢＯＢにおけるルフトバッフェの最大の敗因とする研究者もいる。

一方、迎撃するスピットやハリケーンについても状況は似たようなものであった。

飛行時間で言えば、零戦は八時間程度滞空できるのに対し、これらのいずれもが三時間が限度である。

スピットもハリケーンも、自国の上空での空中戦であるから馬脚を現わさずに済んでいたが、航続性能から見るかぎり二流の戦闘機と言わざるを得ない。

もともと狭いヨーロッパの戦場を想定して設計された戦闘機は、アメリカ、日本のそれほどこの面を重要視していないのである。

資料によって数値は大きく異なるが、機内タンクだけに頼るとすると、

メッサーシュミットＢｆ109Ｅ　五七〇キロ
スピットファイアＭｋ２　七六〇キロ
ハリケーン２Ｃ　七四〇キロ

しか飛ぶことができない。一方、零戦は一八〇〇キロとゆうに二倍以上の能力を持っている。

これらの航続性能は、すべてエンジンの燃料消費量と直結している。

それでは次に、これを目安に航続距離と滞空時間を、より正確に見ていくことにしたい。

航空用レシプロエンジンの燃料消費量は、どのように計算されるのであろうか。もっともよく使われる簡易計算法として

『そのエンジンの一馬力かつ一時間当たりの消費量』を目安とする。

一般的にはこの値は二〇〇グラム前後となる。より正確には、一八〇〜二四〇グラム／馬力・時間（一八〇〜二四〇g／HPh）と見てよい。九五〇馬力のエンジンを装備している零戦でも、巡航時にはその五〇パーセント出力で飛んでいる。

こう仮定すると、

九五〇×〇・五＝四七五馬力

四七五×〇・二リットル＝九五リットル

となる。これが平均的なところだろう。

つまり巡航速度で三〇〇〇メートル付近を正常に飛行しているとすると、

○機内タンク五九〇リットル／九五リットル／時、つまり約六時間強飛行可能

○また巡航速度を三〇〇キロ／時と仮定すると、航続距離は一九〇〇キロ前後

となる。

なかでもとくに注目すべき数値が、零戦のエースとして有名な坂井三郎氏の記述である。

彼は太平洋戦争の勃発直前の訓練時、零戦二一型を駆って一時間当たりわずか六七リットルという大記録をつくった。

もちろん栄エンジンに供給する燃料の混合比を可能なかぎり薄くして、焼き付く寸前の状態で飛んだのであろうが……。

それにしても驚異的な数値で、これを基準とすると、零戦は、

○機内タンクだけで九時間近く
○三三〇リットル入りの落下タンクで五時間
つまり合わせて一三時間も滞空できることになる。

また巡航速度で飛べば、軽く三〇〇〇キロ弱は飛翔可能であろう。

まさにベテラン・パイロットの面目躍如といったところである。

落下タンクのシステム

さて、ここでようやく落下タンクに触れたので、このシステムについて述べる。

戦闘機の胴体、翼下に、投下式の燃料タンク（Drop Tank）を取りつけるという発想は誰でも思いつくと思われるが、その実用化までの過程ははっきりしない。

手元の資料を調べても、諸説あり、そのすべてがそれなりの説得力を持っている。

我国の場合、やはり零戦が最初に装備し、その先輩に当たる九六式艦上戦闘機の方が後になった。

それはともかく、日本海軍がこのシステムを早くから採用した実績は充分に評価されるべきである。

零戦では機内タンク五九〇リットル、落下タンク三三〇リットルで、これにより燃料の量を五六パーセントも増すことができた。

しかし、航続力がそれに比例して増加するというわけではない。それはタンク装着により

戦闘機の航続距離　連合軍側

国　名	機　　種	エンジン数	距離1	距離2
イギリス	ホーカー・ハリケーン	1	740km	—km
	スーパーマリン・スピットファイア	1	760	1830
	デ・ハビランド・モスキート	2	2450	2990
	ホーカー・テンペスト	1	890	1350
アメリカ	カーチスP40トマホーク	1	1440	2340
	ロッキードP38ライトニング	2	970	1720
	ノースアメリカンP51ムスタング	1	1530	3700
	リパブリックP47サンダーボルト	1	890	3100
	グラマンF4Fワイルドキャット	1	1680	2690
	グラマンF6Fヘルキャット	1	1710	2880
	ボートF4Uコルセア	1	1790	2510
ソ連	ポリカルポフE16	1	400	700
	ミグMiG3	1	820	?
	ヤコブレフYak3	1	820	—
	ラボーチキンLa7	1	970	—
フランス	モラン・ソルニエMS406	1	470	800
	ドボアチンD520	1	1000	1250
	ブロッシュMB152	1	600	—

戦闘機の航続距離　枢軸側

国　名	機　　種	エンジン数	距離１	距離２
日本	三菱零式戦闘機21型	1	1880km	3100km
	中島１式戦隼キ43	1	1100	2600
	川西N1K2-J紫電改	1	1720	—
	中島キ84疾風	1	1740	2500
	中島J1N1月光	2	2540	3200
	川崎キ45屠龍	2	2260	—
ドイツ	メッサーシュミットBf109E	1	660	1000
	〃　Bf110E	2	1520	2800
	フォッケウルフFw190A	1	800	1300
イタリア	フィアットG50フレッチア	1	1000	—
	マッキMC200サエッタ	1	570	870
	マッキMC202ファルゴーレ	1	770	—

注）距離１：機内タンクのみの航続距離　２：落下タンク付
横棒は落下タンクの設定なし。数値は資料によって大きく異なっているので、３つのデータの平均値とした。

各国の主要な戦闘機の搭載燃料の量

搭載燃料 / 機種	機内タンク (A) ℓ	落下タンク (B) ℓ ×個数	搭載量合計 ℓ	プラス分 B/A %
零戦	590	330×1	920	56
紫電改	720	400×1	1120	56
1式戦	320	200×2	720	125
4式戦	700	200×2	1100	57
Bf109	470	330×1	800	70
Fw190	630	380×1	1010	60
ハリケーン	440	200×2	840	91
スピットファイア	390	200×2	790	103
P38	1550	360×2	2270	46
P47	1160	750×1	1910	65
P51	1050	250×2	1550	48
F4F	550	200×2	950	73
F6F	950	250×2	1450	53
MC200	380	300×1	680	79
G50	410	200×1	610	49
D520	640	200×1	840	31
LaG93	480	220×1	920	46
Yak3	590	110×2	810	37

空気抵抗も増えることによっている。

したがって約五〇パーセントの増加と見れば、ほぼ正しい。

なお、それぞれの量が実感として把みにくいときには、
灯油缶二〇リットル、ドラム缶二〇〇リットル
一般の乗用車の燃料タンク四〇～七〇リットル
という数字を思い出すのがよいだろう。

落下タンクのことを、日本では増槽《ぞうそう》と呼んだ。増は増加を、槽はご承知のごとくタンクを意味している。

第二次大戦勃発から一、二年のうちに、あらゆる国の戦闘機がこれを装備するようになるが、このタンクによる燃料搭載量の増加と航続距離を別表にまとめてみた。

この点では、日本海軍機、アメリカ陸海軍機が飛び抜けていて、イギリス、ドイツは一段も二段も格下である。

なかでも独ソ戦（一九四一年六月～四五年五月）に登場したソ連の戦闘機のそれは驚くほど短い。

ともかくソ連空軍自体が大型爆撃機を持たず、その任務を徹底的に〝戦術航空支援〟に絞り込んだため、このような結果となった。

ただ航続力は大きいに越したことはないが、その一方でパイロットに過重な負担を強いることになってしまう場合もある。

南太平洋における零戦の長距離侵攻（例えばラバウル―ガダルカナル間往復二〇〇〇キロ）など、広い視野に立てば必ずしも戦局にプラスしなかったという他ない。

○戦場まで三時間以上も飛行し
○敵戦闘機と激しい空中戦を行ない
○また三時間以上かけて帰投する

これではパイロットの疲労はあまりに大きく、かえって戦果よりも損害を大きくしたのであった。

極言すれば、海軍戦闘機隊は零戦の航続性能が良すぎたために敗れたとも言い得る。

その一方で、アメリカ空軍（陸軍航空隊）の

ロッキードP38ライトニング
リパブリックP47サンダーボルト
ノースアメリカンP51ムスタング

に装備された落下タンクは、ドイツ本土の都市、工業地帯の壊滅《かいめつ》作戦に関する重要な下支えとなった。

もし落下タンクがなければ、これらの戦闘機はドイツ上空まで爆撃機編隊をエスコートできなかったのだから……。

護衛戦闘機がなければいかに強力な武装を誇るアメリカ軍の爆撃機と言えども、決して無事ではすまなくなる。

アメリカ空軍の戦闘機の航続距離は、これによって驚くほど伸びたのである。なかでもP47は最大七五〇リットル入りのタンク一個を携行するから、その容量はなんとドラム缶四本分に近く、いや零戦の機内タンクの二七パーセント増であった。

ドイツ本土に赴く爆撃機隊のエスコートに活躍したP47サンダーボルト。零戦の２倍以上の容量の落下タンクも携行できた。

またP51ムスタングは、いったん落下タンクを切り離せば、Bf109はもちろんフォッケウルフFw190さえ凌ぐ性能を発揮する。

まさにこれらの単座戦闘機は、B17、B24爆撃機にとって本当に頼りになるリトル・フレンズであった。

第二次大戦後、落下式燃料タンクはジェット戦闘機の必需品となり、これ無くしては持てる性能を発揮できなくなった。

また翼端にタンクを固定した、グラマンF9Fパンサーのような機体さえ現われている。

もちろん大部分の戦闘機は空中戦に入る前に、重くかさばり、また空気抵抗も大きなタンクを棄てる。

このときの情景は、まさにこれから死闘の場に飛び込むという闘志の発露と呼ぶべきものであろう。戦闘機が空中戦に備えてタンクを落とす瞬間こそ、その意味ではなんとも〝絵になる一瞬〟に違いない。

現代の落下タンク

ところで現代の戦闘機の落下タンクは、どの程度の容量を持っているのだろうか。手元の資料をめくってみると、次のような数値が浮かび上がってくる。少々旧式ながら、旧西側の標準的な戦闘機である、

○F4ファントム

機内タンク七〇二〇リットル

㈠　二二七〇リットルタンク　一個

㈡　一四〇〇リットルタンク　二個

これに加えて、

○F15イーグル

機内タンク七八四〇リットル

㈠　二八四〇リットルタンク　二個

㈡　二三一〇リットルタンク　三個

などを組み合わせて利用している。

大雑把に言ってしまえば、現代の戦闘機の燃料搭載量は、ウォーバーズ（第二次大戦機、

この場合は戦闘機を指す）の約一〇倍である。これは機内タンク、落下タンクとも同様といってよい。

特筆すべきはF15の戦闘爆撃機型F15Eストライク・イーグルで、この機体は、

　コンフォーマル燃料タンク（CFT）

を装備している。

コンフォーマル（正確にはコンフォーマブル）とは、

　〝形状的に正式なもの〟

という意味であるが、これだけではなんとも判りにくい。

これははじめから形状的には機体の一部をなすように設計されたタンクで、その目的は空気抵抗を極力減らすことである。

　F15の二八四〇リットルタンク二個

　F15EのCFT二個

の容量は同じながら、タンクの抵抗は三分の一に減っているのであった。

さらに近年のジェット戦闘機では、航続距離とい

F15E ストライク・イーグル。胴体側面に密着したコンフォーマル燃料タンクは、同容量の落下タンクより空気抵抗が少ない。

う性能表示はほとんど消えてしまった。
そのかわりに登場したのが、
戦闘行動半径　CR（コンバットレンジ）
で、これは戦闘区域までの往復に加えて戦場上空での一定時間の滞空／戦闘を含んだ進出距離と考えればよい。
もちろん搭載兵器、戦闘の状況などによって大きく異なるが、一応の目安としては、
F4　一一五〇～一二七〇キロ
F15　一九七〇キロ
F15E　一二六〇キロ
となっている。
同じ燃料を搭載していながら、F15とF15Eに大きな差があるのは、
F15　空中戦主体の装備
F15E　爆弾、対地ミサイルなどを搭載
の違いがあるからである。
いずれにしろ、簡単なアイディアながら落下タンクは、戦闘機の性能を飛躍的に増加させた。これなくしてこの兵器の価値は半減するのである。
我々の生活のなかにも、このような〝新しい発想の源〟がいくつかあるはずで、これを見つける努力こそ重要であろう。

19――対艦ミサイルの登場とその戦闘

海の闘いの革命――珊瑚海海戦

一九四二年五月、日米海軍の間で闘われた珊瑚《さんご》海海戦は、それまでの海の闘いとは全く違ったものになった。
互いの艦艇の乗組員たちは一度として敵艦の姿を見ることなく戦闘が始まり、そして終わったのである。
日本海軍の小型空母祥鳳《しょうほう》
アメリカ海軍の大型空母レキシントン
など数隻が沈んでいるものの、それらはすべて航空機による攻撃が原因であった。
この意味から珊瑚海海戦こそ、有史以来幾度となく繰り返されてきた海の闘いの革命とも言い得る。
さらにそれから二〇数年後、海戦にもうひとつの転機が訪れるが、これは地中海の東の端が舞台となった。
そしてこの転機は全く新しい兵器、対艦ミサイルの登場であった。
一般的に対艦ミサイルとしては、
艦上（潜水艦からのものを含む）発射型ＳＳＭ
航空機発射型ＡＳＭ
などがある。この場合、あるものは、
艦船攻撃用のＳ　ＳＨＩＰＳ
またあるものは、
地表攻撃用のＳ　ＳＵＲＦＡＣＥ
を使っているので、多少の混乱が生じている。ここではあくまでも、
ＳＳＭ艦上から発射される対艦ミサイル
に限って話を進めていきたい。
ご承知のごとくミサイルは第二次大戦の中頃からドイツ軍によって使用されたが、その後一時的に鳴りを潜める。
そして朝鮮戦争（一九五〇年六月～五三年七月）においても使われたが、それはごくわずかで、以後に勃発した、
第三次中東戦争　一九六七年六月
ベトナム戦争　一九六一年～七五年

第三次中東戦争で対艦ミサイルに撃沈されたイスラエル駆逐艦エイラート。

になって、ようやくその存在を主張するまでになった。

それでは早速、実戦における艦対艦ミサイルの活躍を見ていくことにしよう。

ＳＳＭが実際の戦闘に使われた例はきわめて少なく、数回だけである。

駆逐艦エイラートの沈没　一九六七年一〇月二一日

前述のごとく、この年の春、イスラエルとアラブ諸国の間に第三次中東戦争が勃発し、それはわずか六日間でイスラエル側の勝利に終わった。

しかしエジプト、シリアなどはその後も対立の姿勢を全く緩めずにきている。

同日の午後五時二三分、ポートサイド港沖合をパトロールしていたイ海軍の駆逐艦エイラートは、自艦に向かって飛んでくる小型の飛行機のようなものを発見した。

ただちに増速、回避にうつったが、この物体は同艦の中央部に命中し爆発する。

続いて二分後、二発目が飛来、すでに傾きつつあったエイラートを直撃した。

この物体こそ、ポートサイド港内に停泊中のコマール級ミサイル艇から発射された、ソ連製ＳＳＭスティックスであった。

駆逐艦は航行不能になったもののまだ浮いていたが、それから二時間後に三発目が命中し、ついに沈没に至る。

このエイラートはもとイギリス海軍のジェラス（一七一〇トン）であり、なかなかの抗たん性（損害に耐える能力）を見せたが、結局生き延びることはかなわなかった。

乗員一九九名のうち、戦死、行方不明四七名、負傷九〇名であった。

エイラートを撃沈したソ連製有翼対艦ミサイル・スティックス(上)と同ミサイル２基を搭載するコマール級ミサイル艇。

これが史上はじめてのＳＳＭの実戦における状況であった。

つまり小型のコマール級ミサイル艇でも、排水量から言えば一〇倍の駆逐艦を沈め得ることが証明されたのである。

スティックスは、旧ソ連製の有翼対艦ミサイルで、重量は三トン近い。

エイラートの乗組員が、小型機と間違えたのも無理からぬところであった。

これにより世界の海軍関係者は、海戦の主要兵器が大砲からミサイルに代わったことを思い知らされた。

そして誰よりも、それを痛感したのは疑いもなくイスラエル海軍であり、彼らは直後からＳＳＭの開発と運用、またＳＳＭ迎撃の研究に取り組むのである。間もなく、
対艦ミサイル・ガブリエル
高速ミサイル艇　サールⅠ／Ⅱ級
が揃い、イ海軍はエイラートの復仇の機会を待ち望んでいた。

その時は決して遠くなかった。

一九七三年一〇月六日、第四次中東戦争が幕を開けたのである。

第四次中東戦争のミサイル海戦

この戦争はアラブ側の奇襲ではじまり、緒戦においては大いに優勢であった。

機甲戦術を採用せず、対戦車ミサイル、対空ミサイルの大量投入というエジプト軍の作戦

は見事に成功し、イスラエル軍は大きな損害を出している。
しかしスエズ運河をシナイ半島の北方で渡り、戦車部隊を送り込むという決死の反撃が行なわれ、イ軍は少しずつ戦局を有利に転換させることができた。
この結果、北ではイ軍、南はエジプト軍が互いに相手の懐深く侵攻し、そのため引き分けとなった。
その一方、地中海の東の端では
イスラエル海軍 対 シリア海軍
イスラエル海軍 対 エジプト海軍
のミサイル艇同士による史上初の海戦が行なわれたのである。

㈠ 一九七三年一〇月六日 ラタキア沖海戦

○イスラエル海軍
レシェフ級一隻、サールⅡ級四隻
○シリア海軍
オーサ級三隻

一〇月六日夜、五隻からなるイ海軍のミサイル艇隊はレバノンのラタキア沖を通過し、シリア軍の艦艇を探し求めていた。
午後一〇時二八分、まずシ軍の魚雷艇を発見、これを艦砲で撃沈する。その直後、最新鋭のレシェフが掃海艇と遭遇し、これに対して初めてガブリエルＳＳＭを発射、簡単に沈めてしまった。

多分、このさいの火焔を見て、コマール級ミサイル艇三隻が接近してきたので、高速艇同士の海戦が本格化した。

第四次中東戦争で活躍したイスラエル海軍レシェフ級ミサイル艇(上)と発射機内の同国国産対艦ミサイル・ガブリエル。

射程から言えばシリア海軍のスティックス・ミサイルの方がずっと長く、しばらくの間イ側はレーダー・ジャミングに頼り、回避運動を続けなくてはならなかった。

このジャミング、マニューバーは充分に有効らしく、飛来したスティックスはすべてはずれた。

日付が変わる三〇分前、イ軍はカブリエル(一部にアメリカ製のパープーンも)を続けざまに放ち、二五分以内にシリア艇三隻がすべて撃沈されている。

イ軍の損害は皆無といわれ、この戦いは地名から〝ラタキア沖海戦〟と呼ばれることになった。

(二) 一〇月八日　ダミエテ・バラチン海戦

イ軍の六隻からなるミサイル艇部隊が、シリアとは反対方向のエジプトに向かった。地中海沿岸のダミエテおよびバラチンにあるエ軍の通信基地を攻撃するためである。

これに対しエジプト海軍はオーサ級四隻で迎撃し、ここに再びミサイル海戦が勃発した。

戦いは二日前と同様、深夜に行なわれているから、レーダーならびに火器管制システム(FCS)の性能、ジャミング能力が問われた。

○イスラエル側
FCS/THD 1014ネプチューン
レーダー/オリオン　RTN10X　FCS
○エジプト側
スクウェアー　Tie
Drum　Title

共にレーダーとＦＣＳ連動の戦いとなったのである。電子機器の性能、そしてその扱いとなるとイ軍の技術は最大限に発揮され、ミサイルの射程から言えば不利であるにもかかわらず、勝敗は短時間で決してしまった。

エ軍の三隻が撃沈され、一隻があやうく戦場からの脱出に成功した。

ここでもイ軍の損害はなく、二度目の戦いも完勝に終わったのであった。

先の電子技術だけではなく、艇、ミサイルの性能からいっても、エジプト海軍はイスラエルの敵ではなかったようである。

第四次中東戦争参加ミサイル艇

要目＼艦名	オーサ級（エジプト）	サール級（イスラエル）	レシェフ級（イスラエル）
製造国	ソ連	フランス／ドイツ	イスラエル
基準排水量 トン	160	220	420
全　長　m	23	23	58
全　幅　m	6.5	8.2	7.8
機関出力 HP	4800	13500	15800
速　力　kt	35	40	32
武装 口径×門数	25mm ×4	76×1 40×2	76×2 20×2
ミサイルの名称	SS-N-2	ガブリエル	ガブリエル
装備数　発	4	8	6
乗　員　名	28	35	32
配備年度　年	1967	1969	1973
配備数　隻	12	12	8

注）シリア側もオーサ級であった

なおこのさい、アラブ側が使用したミサイルは長く、
ＳＳ－Ｎ－２　スティックス
と伝えられてきたが、最近の研究ではこの輸出型と考えられる
Ｐ15ターミット
であったらしい。このＰ15は次々に改良タイプが生まれ、現在ではＰ27まで進んでいる。

また中国海軍もこのデッド・コピ

ーを大量に製造し、SSMの主力としているようである。

㈢ ベトナム戦争における対艦ミサイル戦

ベトナム戦争中の一九七二年五月、アメリカは北ベトナムの港湾を機雷を用いて完全に封鎖した。

このさい、第七艦隊の巡洋艦、駆逐艦が首都ハノイに近いハイフォン港に接近した。アメリカ海軍の航空母艦によって、航空機による反撃が不可能と考えた北海軍は、二隻のオーサ級ミサイル艇を出撃させる。

これらはハイフォン港の港外から四発のスティックスを発射した。

このうちの二発はジャミングによって大きくそれたが、残りの二発が巡洋艦隊に向かう。しかし一発は上空援護の艦載機（F４ファントムか？）、もう一発は巡洋艦の対空砲によって撃墜され、アメリカ側に損害はなかった。

なおミサイル艇はのちに、艦載機に沈められた。

スティックスは前述のごとく有翼、大型のミサイルなので、戦闘機あるいは高射砲によって射ち落とすことができたのである。

しかしもしアメリカ側が迎撃に失敗していたら、大きな弾頭（炸薬は三五〇キロ）が爆発し、巡洋艦は大損害を受けていた可能性も否定できない。

この威力は五〇〇キロ〜七五〇キロ爆弾に相等するのであるから……。

主な艦対艦ミサイル

要目など ＼ 名称	P15 ターミット SS-N-2	ガブリエル Mk1	SSM1 90式 対艦ミサイル	RGM 84 ハープーン	Kh41 モスキット
製造国	ロシア	イスラエル	日本	アメリカ	ロシア
全長　m	5.2	3.4	5.1	4.6	9.4
直径　cm	76	34	35	34	76
発射重量　kg	2100	430	660	680	4500
炸薬　kg	350	180	225	220	320
飛翔速度　M	0.9	0.7	0.9	0.9	3.0
推進システム	液体 固体	固体 ターボジェット	←	ターボファン	ラムジェット 固体
誘導システム1	オート パイロット	レーダー ビーム・ ライディング	慣性	←	←
誘導システム2	アクティブ・ レーダー	←	←	←	←
射程　km	35	20	150	80	250
配備年度　年	1959	1968	1990	1976	1995

SSMへの対抗手段はない？

さてこの戦いを最後に、軍艦同士の対艦ミサイル戦闘は一度として行なわれていない。

○フォークランド／マルビナス紛争　一九八二年三月〜六月
○湾岸戦争　一九九〇年八月〜九一年二月

においては、航空機からかなりの数のASMが発射され、多くの軍艦をあるいは沈め、あるいは大破させている。

この様相をみると、すでに対艦ミサイルの威力、そして精度はいちじるしく向上し、艦艇の側にはこれといった対抗手段がないように思える。

レーダー・ジャミング

近接防空システム　CIWS

（高速機関砲、迎撃ミサイルなど）

などがあったところで、超高速、かつ水面すれすれで接近してくるSSMを阻止するのは、かなりの幸運に恵まれないかぎり絶望的なのではあるまいか。

これまでのSSMの飛翔速度は亜音速、つまり時速一〇〇〇キロ以下であった。しかしこれでは阻止され易いとして、最新型は速度を極度に向上させている。

ロシアのP271モスキットは、高空をマッハ三（音速の三倍）で接近し、目標に近づくと低空へ舞い降り、ここでもマッハ二・一で突っ込んでくる。

さらにアメリカが二〇一〇年に配備予定のファストホークは、実にマッハ四である。

しかも誘導はレーダーを全く用いず、

GPS　地球型位置距離装置

INS　慣性誘導システム

（いずれも自己補正型）

となっていて、外部から電波を使って妨害することができない構造になっている。

いまのところ、これを阻止する方法としては、高出力のレーザー兵器しか考えられない。しかもこの実用化はまだまだ先であるから、SSMに対する艦艇の防御力はゼロに近いと見ておいた方がよさそうに思える。

結局、今後の海戦において、人工衛星、航空機の支援のない側は、はじめから敗れることが明白なのである。

しかもこの度合は、第二次世界大戦における艦船と航空機の対決以上の差となる。

だいたいにおいて、艦艇が対艦ミサイルを敵の艦艇に向けて発射できる機会はきわめて少ない。

それ以前に、敵の航空機からのＡＳＭによって破壊されてしまう可能性が大なのである。

このような観点に立つと、画期的と思われた中東における三つの海戦も、すでに過去のものとなってしまっているのかも知れない。

20——装甲艦と装甲艇

現代においてきわめて大きな成功をおさめているものに、〝隙き間産業〟といわれる分野がある。

既存の企業のスキマを突いて生まれたもので、

○郵便事業と旧国鉄（いわゆる丸通）の行なっていた運送業の間に入り込んだ宅配便

○貸主、貸室業と不動産屋、そして借り主を取り持つ専門の住宅紹介雑誌

などがそれにあたる。

もともと英語のニッチ（niche）が語源で、これは壁面に設けられたくぼみを指している。つまり、アメリカ、イギリスでは〝くぼみ（凹み、あるいは窪み）産業〟ということになろうか。

ところでこれらの企業は最初のうち、細々と運営されていたが、いったんその価値が知られると爆発的に顧客を集めることに成功している。

兵器のなかにも、まさにこれに該当するものがあって、設計者、用兵者の思惑以上にその威力を発揮した。

ここではその中から、装甲艦、装甲艇という二種の艦艇を抜き出し検討を加えてみたい。

ドイツ海軍の装甲艦

一九一八年一一月、第一次世界大戦に敗れたドイツに対して、アメリカ、イギリス、フランスなどは軍備に関して厳しい制限を突きつけた。
戦車、潜水艦、爆撃機などの保有の禁止と同時に、軍艦については排水量一万トン以下としたのである。
当時の戦艦は二万五〇〇〇トンないし三万トンであったから、一万トン以下ならば決して脅威にはなり得ないとの判断であった。
大戦中に、ドイツ大海艦隊の
戦艦ケーニッヒ級　二万五四〇〇トン
巡洋戦艦デアフリンガー級　二万六二〇〇トン
などに痛めつけられた連合軍としては、当然の措置といえた。
ドイツとしては、納得できることではなかったが、戦争に敗れた側として従うしかない。
その一方で、必死に頭脳をしぼり、少しでも有力な軍艦を建造しようと努力に努力を重ねた。
その結果、

第一次大戦後の厳しい制限下に登場したポケット戦艦ドイッチェラント。

一九二九年二月五日、起工
一九三一年五月一九日、進水
一九三三年四月一日、竣工
といったスケジュールで、一隻の軍艦が誕生する。
彼女には再生ドイツそのままに『ドイッチェラント』の名が与えられたが、のちに『リュッツオウ』と改名されている。
この艦の正式分類は装甲艦であったが、これは他に分類のしようがなかったからである。
言ってみれば、当時の戦艦と重巡洋艦のちょうど中間的な存在で、それはとくに攻撃力の要《かなめ》である主砲の口径から証明されている。
戦艦の主砲　一五インチ／三八センチ
重巡の主砲　八インチ／二〇センチ
であるのに対し
装甲艦の主砲　一一インチ／二八センチ
となっていた。
さらにもうひとつ、

戦艦の速力　二三ノット／四二・六キロ／時
重巡の速力　三三ノット／六一・二キロ／時
装甲艦の速力　二六ノット／四八・二キロ／時
なのである。
まさにドイツ海軍が再軍備のトップ・バッターとして送り出した軍艦は、戦艦と重巡洋艦の〝隙き間〟を突いた形となった。
さらに彼女は推進機関として、初めてディーゼルエンジンを採用していた。
当時の大型軍艦のすべてが
重油ボイラーと蒸気タービン
の組み合わせである。
ディーゼルの特長としては、燃費がよく、したがって航続力がきわめて大きい。被弾に強く、また暖機運転の必要がない、など多くの利点を持っていた。
これにより航続距離はなんと地球一周もできようという三・九万キロに達する。
ドイッチエラントの成功に気をよくしたドイツは、
二号艦アドミラル・シェーア
三号艦アドミラル・グラフ・シュペー
と続けざまに建造した。
列強海軍はこれらを〝ポケット戦艦〟と呼んだが、これは文字どおりポケットに入るような（小さな）戦艦を意味している。

たしかに装甲艦より、この方が寸法、性能をよく表わしているといえるだろう。

さて、この三隻が揃うと、対するイギリス、フランス海軍は困り果てた。保有する戦艦なら簡単にポケット戦艦を撃破することが出来るが、なんといっても速力が不足する。

一方、重巡洋艦は速力からいえば充分だが、主砲の威力が小さく、正面から太刀打ちするのは難しい。

前述のごとく、これこそ〝中間の脅威〟であった。

まさに連合軍は自ら付加した制裁の条件によって、自縄自縛に陥ってしまった。

ポケット戦艦出撃す

さて一九三九年九月に第二次世界大戦が勃発し、三隻のポケット戦艦は早速、祖国の港を離れて、イギリスの支配する海に出撃した。

そして彼女らの任務は、その長大な航続力を最大限に利用する形での、通商破壊であった。つまり敵の艦隊を積極的に攻撃するのではなく、単独航行、あるいは船団を組んで航海するイギリスの商船、輸送船を襲う。

この任務はなかば成功し、またなかば失敗した。

リュッツオウ、シェーアはたびたび戦果を挙げ、その目的を果たした。他方、シュペーは三隻からなるイギリス巡洋艦隊とラプラタ沖で交戦、そのすべてに損傷を与えた。

しかし途中で砲戦を打ち切り、中立国の港に入港、のちに祖国から遠く離れた海域で絶望的な自爆を遂げることになる。

またリュッツオウは、一九四二年の暮れ、バレンツ海において、イギリス船団を絶好の機会に捉えながら、これまた優柔不断な行動に終始した。

ポケット戦艦と重巡洋艦

クラス名 / 要目・性能	ドイッチェラント級（ドイツ）	ヒッパー級（ドイツ）	ポートランド級（アメリカ）	ノーフォーク級（イギリス）
基準排水量 トン	11700	13900	9800	10000
満載排水量 トン	13500	16100	12600	11700
全長 m	186	206	186	191
全幅 m	20.6	21.3	20.1	20.1
吃水 m	5.8	5.8	6.4	5.2
出力 万HP	5.4	13.2	10.7	8.0
機関の種類	ディーゼル	蒸気タービン	←	←
速力 kt	26	33	33	32
航続力	10ktで3.9万キロ	20ktで1.2万キロ	15ktで1.9万キロ	12ktで2.2万キロ
主砲口径 cm×門数	28×6	20×8	20×9	20×8
副砲口径 cm×門数	15×8	11×12	13×8	10×4
装甲最厚部 cm	15.0	22.0	20.0	10.0
装甲舷側 cm	6.0	14.0	10.2	2.5
出力排水量比 トン/HP	0.22	0.11	0.09	0.13
乗員数 名	950	1600	810	710
１番艦の竣工年月	1933/4	1939/6	1933/2	1930/10
同型艦数	3	3	2	2
主砲弾の威力	100	39	39	39
斉射の威力	100	53	60	53

注）主砲弾の威力：口径の三乗で指数化
斉射の威力：これを門数で指数化

結論からいえば、イギリス海軍を悩ませるはずだったポケット戦艦三隻のうち、なんとかそれを実現し得たのはシェーアだけであった。

リュッツオウ、シュペー共に、自艦の能力をもっとも発揮できる場面で、退却してしまったのである。

六門の一一インチ砲の威力は充分であったにもかかわらず、執拗に反撃してくる敵の巡洋艦、駆逐艦に恐れをなして……。

ポケット戦艦が損害を顧みず、積極的に戦えば、このふたつの海戦、
ラプラタ沖
バレンツ海
で多大な戦果、輝ける勝利をものにできたのは疑いの余地がない。

それは別表からも充分に予想できるのである。

しかし――。

これはポケット戦艦の艦長たちだけのことではないが、ドイツ海軍の高級士官の戦闘意欲、士気は、イギリス海軍のそれほど高くはなかった。

この事実が、なによりも小型ながら強力無比のポケット戦艦／装甲艦の活躍を阻害したのであった。

全く新しく登場した、優秀な兵器を持ち、しかもそれを駆使できるチャンスを得ていても、用兵者が消極的であれば役に立たない、という典型例といえる。

この面では、世界最強のイギリス海軍を震撼させた三隻のポケット戦艦も、海軍史上に突然に現われた珍奇な軍艦という記録を残しただけで消えていったのである。

〝超ミニ戦艦〟AMGB

第二次世界大戦史を学んでいる人々に、意外と知られていないのが、黒海および東ヨーロッパの内水域の戦いである。

たとえばドイツとソ連の大戦争（独ソ戦）のもっとも大きな舞台となった旧ソ連の首都モスクワ。

この内陸の大都会が湖、河、運河によってバルト海、白海、黒海とつながっていることはご存じだろうか。

また第二の都市レニングラード（現サンクトペテルブルグ）も、その背後には巨大なラドガ湖を有し、ここでもドイツ、ソ連軍の間で激しい戦闘が頻繁に行なわれた。

ドイツ軍はこのような内水域、そして黒海に多くの小型艦艇を派遣し、ソ連軍を攻撃すると共に哨戒、輸送、船団護衛など多種多様な任務を振り当てている。

それらの軽艦艇は、

○Mボート／掃海艇
排水量六〇〇トン　速力一六ノット
三七ミリ、二〇ミリ機関砲、八八ミリ高射砲などを装備

○Rボート／機動掃海艇
同六〇トン、一七ノット
三七ミリ、二〇ミリ機関砲を装備

○Sボート／高速魚雷艇
同五〇トン、四〇ノット
魚雷二～四本、二〇ミリ機関砲を装備
の三種類である。
もちろん、Sボートを除いては、対空、対潜戦闘を含む、すべての任務に投入される万能艇といってもよい。
もともとこれらのすべてが、前述のごとく外洋で使われるものではなく、もっぱら沿岸、内水域のみで用いられる。
ボルガ河、ネバ河、ラドガ湖、オネバ湖、ドナウ河、黒海などで、M、R、Sボートは大いに活躍し、ソ連軍を苦しめるのであった。
しかし戦争の二年目から、ソ連軍は思いもかけず新しい兵器を投入しはじめる。
これは〝装甲機動砲艇AMGB〟と呼ばれたが、正確にはBKA／MBKである。
これには数種類あり、それらの要目、性能を次に示す。
排水量二五～四五トン
全長二五～三六メートル
機関出力七〇〇～一六〇〇馬力
速力二五～二八ノット
乗員二〇～三〇名

この数値だけで見るとなんの変哲もない小型の軍用艇のように思えるが、現実のAMGBは厚い装甲と強力な兵装を兼ねそなえていた。

有名なT34戦車の砲塔一〇二基をそのまま甲板に装備していたのである。

つまりその口径は七六ミリ、また砲塔自体の装甲はなんと六センチの厚さを持っていた。

これだけではなく、ブリッジにも装甲板が張られていて、まさに〝超ミニ戦艦〟とも呼ぶべき新兵器であった。

このAMGBはまず黒海で、ドイツ、ルーマニア（この国は枢軸側に立って参戦していた）の輸送船団を次々と攻撃する。

また一九四三年から急激に数を増し、時には数隻が一組となり、ドイツ軍陣地を砲撃したり、海軍歩兵（海兵隊、陸戦隊に相等）を上陸させたりしはじめた。

これに対してドイツ軍はM、R、Sボートで対抗しようとしたが、いずれも惨めな失敗に終わっている。

まずRボート／機動掃海艇は速力、兵装とも大幅に不足し、最初に脱落した。

そこで強力な八八ミリ砲を搭載したMボートの出動となったが、排水量の違いから小回りがきかず、その上速力が一〇ノットも遅い。

これでは全くAMGBを捕捉できず、攻撃されたときのみ闘うことになる。

最後のSボートだが、これは排水量も砲艇と同じながら、速力は二倍近い四〇ノットを発揮する。

しかし、ほとんどのSボートは二〇ミリ機関砲しか持たず、七六ミリ砲を持つ敵とは戦えない。

少数ながら三七ミリ砲を装備したSボートもあるにはあったが、これでも威力は不足であった。

76ミリ砲を備えたT34戦車の砲塔を搭載してドイツ軍軽艦艇部隊を悩ませたソ連の装甲機動砲艇BKA。写真は1124型。

ソ連としては意識的に、ドイツ軽艦艇部隊の〝隙き間〟を狙ってAMGBを建造したわけではなかったが、その効果は想像以上に大きかった。

T34／76（七六ミリ砲装備）の戦車が旧式となり、主力はT34／85（八五ミリ砲）に移ると共に、大量の七六ミリ砲と砲塔が余ってきた。

それがこの〝超ミニ戦艦〟の建造に拍車をかけ、数百隻が進水する。

そして黒海だけではなく、多くの河川、湖沼、運河などに姿を見せ、ドイツ軍に痛打を浴びせるのであった。

逆にドイツ軍としては、これに対抗する適当な軍用艇を最後まで保有することができず、このことが損害を大きくした。

欧米の軍事専門家の何人かは、このＡＭＧＢこそ、
対戦車攻撃機シュツルモビク
Ｔ34／76／85主力戦車
と並んで、独ソ戦におけるソ連赤軍の勝利の鍵としているのである。
たしかに新しいアイディアとして誕生し、また高度な戦闘力を備えていながら、あまり活躍できなかったドイツ海軍のポケット戦艦／装甲艦と比較したとき、この装甲機動砲艇の方が数段見事な働きを見せつけた。

それについてのふたつの証拠ともいうべきものが、現在に至るも残っている。

㈠　モスクワの中央軍事博物館に、第二次大戦で活躍したＡＭＧＢのＢＫＡ型が誇らし気に展示されている。

㈡　ソ連／ロシアの国境警備隊（これは多数の戦車、航空機を有する一種の軍隊である）は、ＰＴ76偵察用戦車の砲塔一、二基を搭載した現代版ＡＭＧＢを数十隻保有している。

なお日本陸軍も、独自に九七式戦車の砲塔をそのまま装備した小型舟艇を数十隻建造し、主として入り組んだ河川、クリークの多い中国の戦線に投入した。

これもまた〝装甲艇〟と呼ばれ、
はしけ船団の護衛
地上部隊への支援砲撃
哨戒／偵察

小部隊の輸送

といった任務に活躍している。

ただし、この日本陸軍の装甲艇は〝隙き間兵器〟とはいえないようである。

単行本　平成十三年六月「新兵器・新戦術デビュー〈I〉」改題　光人社刊

あとがき

もちろん多くの例外はあろうが、普通の男性のほとんどは力強いものに魅せられる。

それらは、ある時にはボクシングなどの格闘技の選手、またある時は驀進《ばくしん》する蒸気機関車などである。

私事にわたり恐縮だが、著者の場合、物心ついた頃から乗り物に興味を持った。なかでも轟音と共に飛翔する軍用機、怒濤を切り裂いて進む艦艇の写真や絵画を呆きることなく眺め、それをノートに描き写していった。さらに小、中学時代の生活の大部分は、勉強より模型造りに費やしている。

中学生の最後の年の夏休みには、木製の戦艦大和（全長一メートル、つまり二六三分の一）を完成させたが、これは実物どおり四個のモーターにより四つのスクリュープロペラを駆動する本格的なものであった。

これをきっかけに、戦史、兵器の研究がライフ・ワークとなったのだが、同時期に読んだ『坂井三郎空戦記録』（初版・出版共同社版）が強力な後押しの役目を果たしてくれた。

また歳を重ねても、戦史と兵器に対する関心は一向に衰えず、日々研究を続けてきた。

その一方で、最近ではたんなる戦争の歴史、兵器の調査そのものより、それらが我々の生活にどのように結びついてきたか、あるいは、いるか、といった点により深い興味を抱いている。

まえがきと重複するが、

『新兵器と新製品の開発
新戦術と企業の新しい戦略、戦術
は、いずれもその発想の過程から実際の採用、運用に至るまで
すべてにおいて酷似している』

と言ってもよいことに気付いた。

新しいものを生み出そう
新しい方法を考え出そう

といった努力を日頃からしていない者にとっては、報奨も称賛も無縁なのである。そしてまたそれが平等というもので、本書の主旨は結局、この点にあるのかも知れない。

いつものことながら、刊行に当たっては光人社編集部各位にお世話になった。個々にお名前を掲げることはしないが、厚く感謝の意を表する次第である。

著　者

文庫版のあとがき

単行本としての本書が出版されてから、十数年の月日が流れている。この間、幸運なことに大国同士の大戦争は勃発していないが、世界の各地では紛争、小規模な軍事衝突が多々存在する。

ある戦場では本書で紹介した戦術と兵器が登場し、戦局に大きな影響を与えているが、反面、旧式化しすでに歴史から消え去ったものもある。

これも人間と同様、当然の帰結と言えるかもしれない。

そのようななかで、新兵器、新戦術を扱っている本書が文庫化され、手軽に読めるようになったのは大いに喜ぶべきであろう。

なにしろ事の善悪は別として、新戦術と新兵器の存在は、人類の歴史が続く限り繰り返し現われるのだから……。

これについて本書の執筆後の状況を考えてみると、この分野である種の軍事的な革命が進行している事実がわかる。

具体的には、あらゆる兵器のステルス化、そして無人化である。前者では戦闘用航空機はもちろん、艦艇に至るまで、レーダーに感知されにくいことに技術のほとんどが費やされている。大型兵器については、このステルス化がその有益性を左右することに間違いない。これなくして兵器はその価値を問われるのであった。

続いては兵器の無人化、ロボット化である。アメリカの無人偵察／攻撃用航空機の活躍は、あまり報道されないものの、恐ろしいほど精密、かつ正確なものである。しかも中東の戦場に投入されるこれらの無人機が、人工衛星を介して一万キロも離れているアメリカ国内で誘導されている事実には驚嘆というしかない。

加えてロボット兵器は小規模の陸上戦闘にも使用されはじめ、例えば四足歩行タイプのロボットが山岳地帯など歩兵中心の戦いにも登場しそうな状況と言える。

当然、このような新兵器が実用化されれば、戦略、戦術も斬新なものになることは間違いない。

したがって近い将来、本書の続編「新兵器・新戦術 二一世紀編」が書かれるべきなのである。この意味から今回の出版は価値あるものと言えるだろう。

最後になったが、いつもお世話になっている潮書房光人社の各位に、厚くお礼申し上げる。

平成二八年の盛夏に

三野正洋

NF文庫

〒102-0073
新兵器・新戦術出現！
二〇一六年十月 十五日 印刷
二〇一六年十月二十一日 発行
著 者 三野正洋
発行者 高城直一
発行所 株式会社潮書房光人社
東京都千代田区九段北一-九-十一
振替／〇〇一七〇-六-五四六九三
電話／〇三-三二六五-一八六四代
印刷所 慶昌堂印刷株式会社
製本所 東 京 美 術 紙 工
定価はカバーに表示してあります
乱丁・落丁のものはお取りかえ
致します。本文は中性紙を使用
ISBN978-4-7698-2973-7 C0195
http://www.kojinsha.co.jp

NF文庫

刊行のことば

第二次世界大戦の戦火が熄《や》んで五〇年――その間、小社は夥しい数の戦争の記録を渉猟し、発掘し、常に公正なる立場を貫いて書誌とし、大方の絶讃を博して今日に及ぶが、その源は、散華された世代への熱き思い入れであり、同時に、その記録を誌して平和の礎とし、後世に伝えんとするにある。

小社の出版物は、戦記、伝記、文学、エッセイ、写真集、その他、すでに一、〇〇〇点を越え、加えて戦後五〇年になんなんとするを契機として、「光人社NF（ノンフィクション）文庫」を創刊して、読者諸賢の熱烈要望におこたえする次第である。人生のバイブルとして、心弱きときの活性の糧《かて》として、散華の世代からの感動の肉声に、あなたもぜひ、耳を傾けて下さい。